测土配方施肥技术实验指导书

邹长明 赵建荣 王 泓 李孝良 / 主编

合肥工业大学出版社

实验室守则

1. 实验前要先预习，明确实验目的，了解实验内容、原理和操作过程。

2. 实验时必须认真观察和分析实验现象，对实验的内容和安排不合理的地方可提出改进意见。对实验中出现的反常现象应进行讨论，并大胆提出自己的看法，做到主动地学习，积极地思考。

3. 保持实验室整齐、清洁和安静，不得高声谈话。关闭手提电话机。

4. 注意安全，实验室内严禁吸烟。操作和放置易燃易爆物品要远离火源。

5. 节约用水，安全用电，不浪费药品，爱护所有仪器。凡损坏仪器者应如实向教师报告，并登记、补领。实验过程中应将废液、废物倒入指定地方，不准随意乱倒。

6. 实验室内的一切物品，未经本室负责教师批准，严禁携带出室外，借物必须办理登记手续。

7. 实验完毕，要清洁仪器用具，将各种仪器药品放回原处，清洁实验台面和地板。学生离开实验室前，必须请教师到座位检查后，方可离开。

目 录

实验一 土壤样品的采集、处理与保存 …………………………………………（001）

实验二 土壤水分含量的测定 …………………………………………………（005）

实验三 土壤颗粒分析和土壤质地确定 ………………………………………（007）

实验四 土壤有机质含量及腐殖质组成测定 …………………………………（013）

实验五 土壤酸碱度的测定 ……………………………………………………（018）

实验六 土壤结构形状的观察及微团聚体分析 ………………………………（024）

实验七 土壤比重、容重和孔隙度的测定 ……………………………………（027）

实验八 土壤最大吸湿量、田间持水量和毛管持水量的测定 ………………（031）

实验九 土壤水吸力的测定 ……………………………………………………（035）

实验十 土壤速效养分含量的测定 ……………………………………………（038）

实验十一 土壤障碍因素的测定 ………………………………………………（044）

实验十二 土壤硝态氮的测定 …………………………………………………（047）

实验十三 土壤有效硼的测定 …………………………………………………（049）

实验十四 土壤金属元素含量的测定 …………………………………………（051）

实验十五 植物样品的采集制备和保存 ………………………………………（054）

实验十六 植物营养诊断 ………………………………………………………（057）

实验十七 植物水分的测定 ……………………………………………………（063）

实验十八 植物粗灰分的测定 …………………………………………………（065）

实验十九 植物常量元素的分析 ………………………………………………（067）

实验二十　植物微量元素分析 …………………………………………… （075）

实验二十一　植物全碳的测定（$K_2Cr_2O_7$容量法） ………………… （080）

实验二十二　肥料样品的采集与制备 …………………………………… （082）

实验二十三　肥料含水量的测定 ………………………………………… （083）

实验二十四　氮素化肥分析 ……………………………………………… （085）

实验二十五　磷素化肥分析 ……………………………………………… （089）

实验二十六　钾素化学肥料全钾量分析 ………………………………… （095）

实验二十七　复合肥料的分析 …………………………………………… （097）

实验二十八　有机肥料的分析 …………………………………………… （098）

实验一　土壤样品的采集、处理与保存

土壤样品（简称土样）的采集与处理，是土壤分析工作的一个重要环节，直接关系到分析结果的正确与否。因此必须按正确的方法采集和处理土样，以便获得符合实际的分析结果。

一、土样的采集

分析某一土壤或土层，只能抽取其中有代表性的少部分土壤，这就是土样。采样的基本要求是使土样具有代表性，即能代表所研究的土壤总体。根据不同的研究目的，可有不同的采样方法。

（一）土壤剖面样品

采集土壤剖面样品是为了研究土壤的基本理化性质和发生分类。应按土壤类型，选择有代表性的地点挖掘剖面，根据土壤发生层次由下而上的采集土样，一般在各层的典型部位采集厚约 10 cm 的土壤，但对于耕作层必须要全层柱状连续采样，每层采 1 kg 左右；放入干净的布袋或塑料袋内，袋内外均应附有标签，标签上注明采样地点、剖面号码、土层和深度。

（二）耕作土壤混合样品

为了解土壤肥力情况，一般采用混合土样，即在一块采样地块上多点采土，混合均匀后取出一部分，以减少土壤差异，提高土样的代表性。

1. 采样点的选择。选择有代表性的采样点，应考虑地形基本一致，近期施肥耕作措施、植物生长表现基本相同。采样点为 5～20 个，其分布应尽量照顾到土壤的全面情况，不可太集中，应避开路边、地角和堆积过肥料的地方。

2. 采样方法。在确定的采样点上，先用小土铲去掉表层 3 mm 左右的土壤，然后倾斜向下切取一片片的土壤（见图 1-1）。将各采样点土样集中一起混合均匀，按需要量装入袋中带回。

（三）土壤物理分析样品

测定土壤的某些物理性质，如土壤容重和孔隙度等，须采原状土样，对于研究土壤结构性样品，采样时须注意湿度，最好在不粘铲的情况下采取。此外，在取样过程中，须保持土块不受挤压而变形。

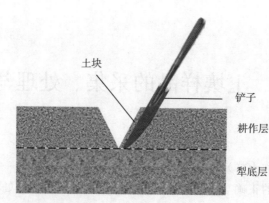

土块

铲子

耕作层

犁底层

图 1-1 小土铲采样图

（四）研究土壤障碍因素的土样

为查明植株生长失常的原因，所采土壤要根据植物的生长情况确定，大面积危害者应取根际附近的土壤，多点采样混合；局部危害者，可根据植株生长情况，按好、中、差分别取样（土壤与植株同时取样），单独测定，以保持各自的典型性。

（五）采样时间

土壤某些性质可因季节不同而有变化，因此应根据不同的目的确定适宜的采样时间。一般在秋季采样能更好地反映土壤对养分的需求程度，因而建议在定期采样时将一年一熟的农田的采样期放在前茬作物收获后和后茬作物种植前，一年多熟农田放在一年作物收获后。不少情况下均以放在秋季为宜。当然，只需采一次样时，则应根据需要和目的确定采样时间。在进行大田长期定位试验的情况下，为了便于比较，每年的采样时间应固定。

（六）土样的数量

一般 1 kg 左右的土样即够化学物理分析之用，采集的土样如果太多，可用四分法淘汰。四分法的步骤是：将采集的土样弄碎，除去石砾和根、叶、虫体，并充分混匀铺成正方形，划对角线分成四份，淘汰对角两份，再把留下的部分合在一起，即为平均土样（见图 1-2）。如果所得土样仍嫌太多，可再用四分法处理，直到留下的土样达到所需数量（1 kg）。将保留的平均土样装入干净布袋或塑料袋内，并附上标签。

图 1-2 四分法取样步骤图

二、土样的处理与保存

(一) 风干处理

野外取回的土样，除田间水分、硝态氮、亚铁等需用新鲜土样测定外，一般分析项目都用风干土样。方法是将新鲜湿土样平铺于干净的纸上，弄成碎块，摊成薄层（厚约 2 cm），放在室内阴凉通风处自行干燥。切忌阳光直接暴晒和酸、碱、蒸气以及尘埃等污染。

(二) 磨细和过筛

1. 挑出自然风干土样内的植物残体，使土体充分混匀，称取土样约 500 g 放在乳钵内研磨。

2. 磨细的土壤先用孔径为 1 mm（18 号筛）的土筛过筛，用作颗粒分析土样（国际制通过 2 mm 筛孔），反复研磨，使小于 1 mm 的细土全部过筛。粒径大于 1 mm 的未过筛石砾，称重（计算石砾百分率）后遗弃。

3. 将小于 1 mm 的土样混匀后铺成薄层，划成若干小格，用骨匙从每一个方格中取出少量土样，总量约 50 g。仔细拣出土样中的植物残体和细根后，将其置于乳钵中反复研磨，使其全部通过孔径 0.25 mm（60 号筛）的土筛，然后混合均匀。

(三) 土样保存

经处理的土样，分别装入广口瓶或土壤袋中，贴上标签。

三、思考题

1. 采集与处理土样的基本要求是什么？

2. 处理土样时为什么孔径 1 mm 和小于 0.25 mm 的细土必须反复研磨使其全部过筛？

3. 处理通过孔径 1 mm 及 0.25 mm 土筛的两种土样，能否将两种筛套在一起过筛，分别收集两种土筛下的土样进行分析测定？为什么？

4. 根据土样处理结果，计算土壤石砾百分率。

$$石砾含量（\%）= \frac{石砾重量}{土壤总重量} \times 100$$

注：土筛号数即为每英寸长度内的孔（目）数，如 100 号（目）即为每一英寸长度内有 100 孔（目）。筛号与筛孔直径（mm）对照见表 1-1 所列。

表 1-1 筛号与筛孔对照表

筛　号	筛孔直径/mm	筛　号	筛孔直径/mm
2.5	8.00	35	0.50
3	6.72	40	0.42
3.5	5.66	45	0.35
4	4.76	50	0.30
5	4.00	60	0.25
6	3.36	70	0.21
7	2.83	80	0.177
8	2.38	100	0.149
10	2.00	120	0.125
12	1.68	140	0.105
14	1.41	170	0.088
16	1.18	200	0.074
18	1.00	230	0.062
20	0.84	270	0.053
25	0.71	325	0.044
30	0.59		

实验二 土壤水分含量的测定

测定土壤水分是为了了解土壤水分状况，以作为土壤水分管理（如确定灌溉定额）的依据。在分析工作中，由于分析结果一般是以烘干土为基础表示的，因此也需要测定湿土或风干土的水分含量，以便进行分析结果的换算。

一、测定方法

土壤水分的测定方法很多，实验室一般采用酒精烘烤法、酒精烧失速测法和烘干法。野外则可采用简易的排水称重法（定容称量法）。

（一）酒精烘烤法

1. 原理

向土壤中加入酒精，在 105～110 ℃下烘烤时可以加速水分蒸发，大大缩短烘烤时间，又不至于因有机质的烧失而造成误差。

2. 操作步骤

（1）取已烘干的铝盒称重为 W_1（g）。

（2）加土壤约 5 g 平铺于盒底，称重为 W_2（g）。

（3）用皮头吸管滴加酒精，使土样充分湿润，放入烘箱中，在 105～110 ℃下烘烤 30 min，取出冷却称重为 W_3（g）。

3. 结果计算

$$土壤水分含量（\%）= (W_2 - W_3) / (W_3 - W_1) \times 100$$

土壤分析一般以烘干土计重，但分析时又以湿土或风干土称重，故需进行换算，计算公式为

应称取的湿土或风干土样重＝所需烘干土样重×（1＋水分百分比）

（二）酒精烧失速测法

1. 原理

酒精可与水分互溶，并在燃烧时使水分蒸发。土壤烧后损失的重量即为土壤含水量。

2. 操作步骤

（1）取已烘干铝盒称重为 W_1（g）。

（2）取湿土约 10 g（尽量避免混入根系和石砾等杂物），与铝盒一起称重为 W_2（g）。

（3）加酒精于铝盒中，至土面全部浸没即可，稍加振摇，使土样与酒精混合，点燃酒精，待燃烧将尽，用小玻璃棒来回拨动土样，助其燃烧（但过早拨动土样会造成土样毛孔闭塞，降低水分蒸发速度），熄火后再加酒精 3 mL 使其燃烧，如此进行 2～3 次，直至土样烧干为止。

（4）冷却后称重为 W_3（g）。

3. 结果计算同前

（三）烘干法

1. 原理

将土样置于 105 ℃±2 ℃的烘箱中烘至恒重，即可使其所含水分（包括吸湿水）全部蒸发殆尽以此求算土壤水分含量。在此温度下，有机质一般不会大量分解损失影响测定结果。

2. 操作步骤

（1）取干燥铝盒称重为 W_1（g）。

（2）加土样约 5 g 于铝盒中称重为 W_2（g）。

（3）将铝盒放入烘箱中，在 105～110 ℃下烘烤 6 h，一般可达恒重。取出放入干燥器内，冷却 20 min 可称重。必要时，如前法再烘 1 h，取出冷却后称重，两次称重之差不得超过 0.05 g，取最低一次计算。

注：质地较轻的土壤，烘烤时间可以缩短，即 5～6 h。

3. 结果计算同前。

二、思考题

1. 列出实验数据，计算土壤水分含量。

2. 在烘干土样时，为什么温度不能超过 110 ℃？含有机质多的土样为什么不能采用酒精烧失速测法？

实验三　土壤颗粒分析和土壤质地确定

土壤是由粒径不同的各粒级颗粒组成的，各粒级颗粒的相对含量即颗粒组成，对土壤的水、热、肥、气状况都有深刻的影响。土壤颗粒分析即测定土壤的颗粒组成，并以此确定土壤的质地类型。本实验采用比重计速测法测定土壤颗粒组成，同时练习手测质地方法。

一、土壤颗粒分析（比重计速测法）

（一）方法原理

将土样经化学和物理方法处理充分分散为单粒，并制成 5％悬浮液，让土粒自由沉降。经不同时间，用土壤比重计（又称甲种比重计或鲍氏比重计）测定悬浮液比重，比重计读数直接指示比重计悬浮处的土粒重量（g/L）。根据不同沉降时间的比重计读数，便可计算不同粒径的土壤颗粒含量。

（二）操作步骤

1. 称样

称取通过 1 mm（卡氏制）或 2 mm（国际制）筛孔相当于 50 g（精确到 0.01 g）干土重的风干土样，置于 400 mL 烧杯中。

2. 样品分散

根据土壤酸碱性质，分别选用相对应分散剂：石灰性土壤（50 g 样品，下同），加 0.5 mol/L 六偏磷酸钠 60 mL；中性土壤，加 0.25 mol/L 草酸钠 20 mL；酸性土壤，加 0.5 mol/L 氢氧化钠 40 mL。

称取土样加入适当分散剂后，用带橡皮头的玻璃棒搅拌成糊状，静置过夜（或 30 min）。以带有橡皮头的玻璃棒研磨土样（黏质土不少于 20 min，壤质土及砂质土不少于 15 min），其后再加入剩余的分散剂研磨均匀。

3. 制备悬液

将分散后的土样用软水洗入 1000 mL 的沉降筒中，加软水至刻度，即为 5％的悬液，放置于平稳桌面上。

4. 测定悬液比重

（1）搅拌：先测定悬液温度，然后用特制搅拌棒上下均匀搅拌悬液 1 min

（30 次），使悬液中颗粒均匀分布。搅拌时，如悬液发生气泡，迅速加入 1～2 滴异戊醇消泡。

（2）读数：搅拌停止立即取出搅拌棒，并记录时间（土粒开始沉降的时间），按表 3-1 所列温度、时间和粒径的关系，选定比重计读数的时间（见表 3-1 和表 3-2），分别测出 <0.05 mm、<0.01 mm、<0.001 mm 等各粒级的比重计读数。每次读数前 30 s，将比重计轻轻放入悬液中，使其不要上下浮动，时间一到迅速读数。读数后取出比重计，以免影响土粒继续下沉。

注意：只搅拌 1 次，读 3 次数。

表 3-1　在不同温度下各粒级颗粒的比重计测定时间表（卡氏制）

温度/℃	<0.05 mm		<0.01 mm	<0.001 mm	温度/℃	<0.05 mm	<0.01 mm	<0.001 mm
	分　秒		分	小时		秒	分	小时
4	1	32	43	48	22	55	25	48
5	1	30	42	48	23	54	30	48
6	1	25	40	48	24	54	24	48
7	1	23	38	48	25	53	30	48
8	1	20	37	48	26	51	23	48
9	1	18	36	48	27	50	22	48
10	1	18	35	48	28	48	30	48
11	1	15	34	48	29	46	21	48
12	1	12	33	48	30	45	20	48
13	1	10	32	48	31	45	30	48
14	1	10	31	48	32	45	19	48
15	1	8	30	48	33	44	19	48
16	1	6	29	48	34	44	30	48
17	1	5	28	48	35	42	18	48
18	1	3	27.30	48	36	42	18	48
19	1	0	27	48	37	40	30	48
20		56	26	48	38	38	30	48
21		56	26	48	39	37	17	48
					40	37	17	48

5. 空白校正

另取一个沉降筒，加入与处理土样等量的分散剂，用软水稀释至 1000 mL，比重计读数即为空白校正。

（三）结果计算

1. 比重计校正读数

$$比重计校正读数＝比重计原读数－空白校正值$$

注：空白校正值包括分散剂校正值和比重计校正值。

表 3-2　在不同温度下各粒级的比重计测定时间表（国际制）

温度/℃	<0.02 mm		<0.002 mm		温度/℃	<0.02 mm		<0.002 mm	
	分	秒	时	分		分	秒	时	分
5	9	30	17	36	18	6	37	12	14
6	9	14	17	5	19	6	28	11	56
7	8	58	16	35	20	6	17	11	3
8	8	42	16	16	21	6	8	11	2
9	8	26	15	36	22	5	59	11	5
10	8	10	15	9	23	5	51	10	50
11	7	56	14	43	24	5	43	10	35
12	7	43	14	19	25	5	35	10	20
13	7	31	13	55	26	5	28	10	7
14	7	19	13	33	27	5	20	9	53
15	7	8	13	12	28	5	13	9	40
16	6	57	12	52	29	5	7	9	28
17	6	47	12	52	30	4	59	9	16

2. 各级土粒含量计算

以国际制为例：

砂粒（0.02～2 mm）％＝（50－<0.02 mm 颗粒的校正读数）/50×100

黏粒（<0.002 mm）％＝<0.002 mm 颗粒的校正读数/50×100

粉粒（0.002～0.02 mm）％＝100－砂粒（％）－黏粒（％）

（四）质地分类及定名

国际制土壤质地分类标准见表 3-3 所列。

表 3-3 国际制土壤质地分类标准

质 地 名 称		颗 粒 组 成		
		黏粒/% (<0.002 mm)	粉粒/% (0.002~0.02 mm)	砂粒/% (0.02~2 mm)
砂 土	1. 砂土及壤质砂土	0~15	0~15	85~100
壤 土	2. 砂质壤土	0~15	0~45	55~85
	3. 壤土	0~15	30~45	40~55
	4. 粉砂质壤土	0~15	45~100	0~55
黏壤土	5. 砂质黏壤土	15~25	0~30	55~85
	6. 黏壤土	15~25	20~45	30~55
	7. 粉砂质黏壤土	15~25	45~85	0~40
黏 土	8. 砂质黏土	25~45	0~20	55~75
	9. 壤质黏土	25~45	0~45	10~55
	10. 粉砂质黏土	25~45	45~75	0~30
	11. 黏土	45~65	0~35	0~55
	12. 重黏土	65~100	0~35	0~35

国际制土壤质地分类标准要点如下：

(1) 砂土及壤土类以黏粒含量在 15% 以下为其主要标准，黏壤土类以黏粒含量在 15%～25% 为其主要标准，黏土类以含黏粒 25% 以上为其主要指标。

(2) 当土壤粉砂粒含量为 45% 以上时，在各类质地的名称前，冠以"粉砂（质）"字样。

(3) 当砂粒含量为 55%～85% 时，则冠以"砂（质）"字样；当砂粒含量为 85%～90% 时，称为壤质砂土，90% 以上者称为砂土。

（五）药品配制

1. 软水：取 2% 碳酸钠 220 mL 加入 15000 mL 自来水中，静置过夜，上部清液即为软水。

2. 2% 碳酸钠溶液：称取 20.0 g 碳酸钠加水溶解稀释至 1 L。

3. 0.25 mol/L 草酸钠溶液：称取 33.5 g 草酸钠，加水溶解稀释至 1 L。

4. 0.5 mol/L 氢氧化钠溶液：称取 20.0 g 氢氧化钠，加水溶解后，定容至 1 L，摇匀。

5. 0.5 mol/L 六偏磷酸钠溶液：称取 51.0 g 六偏磷酸钠 [$(NaPO_3)_6$] 加水溶解后，定容至 1 L，摇匀。

二、土壤质地手测法（适用于野外）

（一）方法原理

根据各粒级颗粒具有不同的可塑性和黏结性估测土壤质地类型。砂粒粗糙，无黏结性和可塑性；粉粒光滑如粉，黏结性与可塑性微弱；黏粒细腻，表现出较强的黏结性和可塑性；不同质地的土壤，各粒级颗粒的含量不同，表现出粗细程度与黏结性和可塑性的差异。本次实验主要学习湿测法，就是在土壤湿润的情况下进行质地测定。

（二）操作步骤

置少量（约 2 g）土样于手中，加水湿润，同时充分搓揉，使土壤吸水均匀（即加水于土样至刚好不黏手为止）。田间土壤质地鉴定标准见表 3-4 所列。

表 3-4 田间土壤质地鉴定标准

质 地 名 称	土壤干燥状态	干土用手研磨时的感觉	湿润土用手指搓捏时的成形性	放大镜或肉眼观察
砂 土	散碎	几乎全是砂粒，极粗糙	不成细条，亦不成球，搓时土粒自散于手中	主要为砂粒
砂壤土	疏松	砂粒占优势，有少许粉粒	能成土球，不能成条（破碎为大小不同的碎段）	砂粒为主，杂有粉粒
轻壤土	稍紧，易压碎	粗细不一的粉末，粗的较多，粗糙	略有可塑性，可搓成粗 3 mm 的小土条，但水平拿起易碎断。	主要为粉粒
中壤土	紧密，用力方可压碎	粗细不一的粉末，稍感粗糙	有可塑性，可成 3 mm 的小土条，但弯曲成 2～3 cm 小圈时出现裂纹	主要为粉粒
重壤土	更紧密，用手不能压碎	粗细不一的粉末，细的较多，略有粗糙感	可塑性明显，可搓成 1～2 mm 的小土条，能弯曲成直径 2 cm 的小圈而无裂纹，压扁时有裂纹	主要为粉粒，杂有黏粒
黏 土	很紧密，不易敲碎	细而均一的粉末，有滑感	可塑性、黏结性均强，搓成 1～2 mm 的土条，弯成的小圆圈压扁时无裂纹	主要为黏粒

三、思考题

1. 为什么分散剂都用钠盐溶液？
2. 为什么用于研磨土样的玻璃棒要带橡皮头？
3. 土粒悬液搅拌前为什么要测量温度？沉降期间为什么不能搬动沉降筒？
4. 做空白校正的目的是什么？

实验四　土壤有机质含量及腐殖质组成测定

一、土壤有机质含量测定

土壤的有机质含量通常作为土壤肥力水平高低的一个重要指标。它不仅是土壤各种养分特别是氮、磷的重要来源，还对土壤理化性质如结构性、保肥性和缓冲性等有着积极的影响。测定土壤有机质的方法很多。本实验用重铬酸钾容量法。

（一）重铬酸钾容量法

1. 方法原理

在170～180 ℃条件下，用过量的标准重铬酸钾的硫酸溶液氧化土壤有机质（碳），剩余的重铬酸钾以硫酸亚铁溶液滴定，以所消耗的重铬酸钾量计算有机质含量。测定过程的化学反应式如下：

$$2K_2Cr_2O_7 + 3C + 8H_2SO_4 \longrightarrow 2K_2SO_4 + 2Cr_2(SO_4)_3 + 3CO_2 + 8H_2O$$

$$K_2Cr_2O_7 + 6FeSO_4 + 7H_2SO_4 \longrightarrow K_2SO_4 + Cr_2(SO_4)_3 + 3Fe_2(SO_4)_3 + 7H_2O$$

2. 操作步骤

方法一如下：

（1）准确称取通过0.25 mm筛孔的风干土样0.1000～0.5000 g，倒入干燥硬质玻璃试管中，加入0.8000 mol/L（1/6 $K_2Cr_2O_7$）溶液5.00 mL，再加入5 mL浓硫酸，小心摇匀，在管口放一个小漏斗，以冷凝蒸出的水汽。将试管插入铁丝笼中。

（2）预先将热浴锅（内装有食用油、石蜡或磷酸）加热到180～185 ℃，将插有试管的铁丝笼放入热浴锅中加热，待试管内溶液沸腾时计时，煮沸5 min，取出试管，稍冷，擦去试管外部油液。消煮过程中，热浴锅内温度应保持在170～180 ℃。

（3）冷却后，将试管内溶液小心倾入250 mL三角瓶中，并用蒸馏水冲洗试管内壁和小漏斗，洗入液的总体积应控制在50 mL左右，然后加入邻菲罗啉指示剂3滴，用0.1 mol/L $FeSO_4$溶液滴定，溶液先由黄变绿，再突变到棕红色时即为滴定终点（要求滴定终点时溶液中 H_2SO_4 的浓度为 1～1.5 mol/L）。

（4）测定每批（即上述铁丝笼中）样品时，以灼烧过的土壤或石英砂代替土样做两个空白试验。

方法二如下：

（1）准确称取通过 0.25 mm 筛孔的风干土样 0.1000～0.5000 g，倒入 150 mL 三角瓶中，加入 0.8000 mol/L（1/6 $K_2Cr_2O_7$）溶液 5.00 mL，再用注射器注入 5 mL 浓硫酸，小心摇匀，在管口放一个小漏斗，以冷凝蒸出的水汽。

（2）先将恒温箱的温度升至 185 ℃，然后将待测样品放入恒温箱中加热，让溶液在 170～180 ℃条件下沸腾 5 min。

（3）取出三角瓶，待其冷却后用蒸馏水冲洗小漏斗和三角瓶内壁，洗入液的总体积应控制在 50 mL 左右，然后加入邻菲罗啉指示剂 3 滴，用 0.1 mol/L $FeSO_4$ 溶液滴定，溶液先由黄变绿，再突变到棕红色时即为滴定终点（要求滴定终点时溶液中 H_2SO_4 的浓度为 1～1.5 mol/L）。

（4）测定每批样品时，以灼烧过的土壤代替土样做两个空白试验。

注：若样品测定时消耗的 $FeSO_4$ 量低于空白的 1/3，则应减少土壤称量。

3. 结果计算

$$土壤有机碳（g/kg）= \frac{[C \times 5 \times (V_0 - V) \times 10^{-3} \times 3.0 \times 1.1]}{m \times k} \times 1000$$

$$土壤有机质（g/kg）= 土壤有机碳（g/kg）\times 1.724$$

式中，C——0.8000 mol/L（1/6$K_2Cr_2O_7$）标准溶液浓度；

5——重铬酸钾标准溶液加入的体积，mL；

V_0——空白滴定用去硫酸亚铁体积，mL；

V——样品滴定用去硫酸亚铁体积，mL；

10^{-3}——将 mL 换算为 L；

3.0——1/4 碳原子的摩尔质量，g/kg；

m——风干土样质量，g；

k——将风干土换算成烘干土的系数；

1.1——氧化校正系数，由于本法仅能氧化土壤有机质的 90%，折合有机质乘以 1.1；

1.724——有机碳占有机质全部的 58%，将有机碳换算为有机质需乘以 1.724。

4. 药品配制

（1）0.8000 mol/L（1/6 $K_2Cr_2O_7$）标准溶液：将 $K_2Cr_2O_7$（分析纯）先在 130 ℃条件下烘干 3～4 h，再称取 39.2250 g，最后在烧杯中加蒸馏水 400 mL 溶

解（必要时加热促进溶解），冷却后，稀释定容到 1 L。

（2）0.2 mol/L $FeSO_4$溶液：称取化学纯 $FeSO_4 \cdot 7H_2O$ 56 g 或$(NH_4)_2SO_4 \cdot FeSO_4 \cdot 6H_2O$ 78.4 g，加 3 mol/L 硫酸溶液 30 mL 溶解，加水稀释定容到 1 L，摇匀备用。

（3）邻菲罗啉指示剂：称取硫酸亚铁 0.695 g 和邻菲罗啉 1.485 g 溶于 100 mL水中，此时试剂与硫酸亚铁形成棕红色络合物 $[Fe(C_{12}H_8N_3)_3]^{2+}$。

5. 注意事项

（1）含有机质 5%者，称土样 0.1 g；含有机质 2%～3%者，称土样 0.3 g；少于 2%者，称土样 0.5 g 以上。若待测土壤有机质含量大于 15%，氧化不完全，不能得到准确结果。因此，应用固体稀释法进行弥补。方法是：将 0.1 g 土样与 0.9 g 高温灼烧已除去有机质的土壤混合均匀，再进行有机质测定，按取样十分之一计算结果。

（2）测定石灰性土壤样品时，必须慢慢加入浓 H_2SO_4，以防止由 $CaCO_3$分解而引起的激烈发泡。

（3）消煮时间对测定结果影响极大，应严格控制试管内或烘箱中三角瓶内溶液沸腾时间为 5 min。

（4）消煮的溶液颜色，一般应是黄色或黄中稍带绿色。如以绿色为主，说明重铬酸钾用量不足。若滴定时消耗的硫酸亚铁量小于空白用量的三分之一，可能氧化不完全，应减少土样重做。

（二）土壤有机质含量参考指标（表 4-1）

表 4-1 土壤有机质含量参考指标

土壤有机质含量/%	丰缺程度
≤1.5	极低
1.5～2.5	低
2.5～3.5	中
3.5～5.0	高
>5	极高

二、土壤腐殖质组成测定

土壤腐殖质是土壤有机质的主要组成。一般来讲，它主要由胡敏酸（HA）和富里酸（FA）所组成。不同的土壤类型，其 HA/FA 比值有所不同。同时这个比值与土壤肥力也有一定关系。因此，测定土壤腐殖质组成对于鉴别土壤类型和了解土壤肥力均有重要意义。

（一）方法原理

用 0.1 M 焦磷酸钠和 0.1 M 氢氧化钠混合液处理土壤，能将土壤中难溶于水和易溶于水的结合态腐殖质络合成易溶于水的腐殖质钠盐，从而比较完全地将腐殖质提取出来。焦磷酸钠还起脱钙作用，反应图如图 4-1 所示。

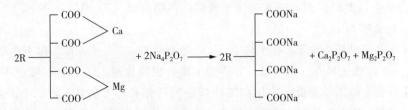

图 4-1 焦磷酸钠脱钙作用反应图

提取的腐殖质用重铬酸钾容量法测定。

（二）操作步骤

1. 称取 0.25 mm 相当于 2.50 g 烘干重的风干土样，置于 250 mL 三角瓶中，用移液管准确加入 0.1 M 焦磷酸钠和 0.1 M 氢氧化钠混合液 50.00 mL，振荡 5 min，塞上橡皮套，然后静置 13～14 h（控制温度在 20 ℃左右），旋即摇匀进行过滤，收集滤液（一定要清亮）。

2. 胡敏酸和富里酸总碳量的测定：

吸取滤液 5.00 mL，移入 150 mL 三角瓶中，加 3 mol/L H_2SO_4 约 5 滴（调节 pH 值为 7）至溶液出现浑浊为止，置于水浴锅中蒸干。加 0.8000 mol/L（$1/6\ K_2Cr_2O_7$）标准溶液 5.00 mL，用注射筒迅速注入浓硫酸 5 mL，盖上小漏斗，在沸水浴上加热 15 min，冷却后加蒸馏水 50 mL 稀释，加邻菲罗啉指示剂 3 滴，用 0.1 mol/L 硫酸亚铁溶液滴定，同时做空白试验。

3. 胡敏酸（碳）量测定：

吸取上述滤液 20.00 mL 于小烧杯中，置于沸水浴上加热，在玻璃棒搅拌下滴加 3 mol/L H_2SO_4 酸化（约 30 滴），至有絮状沉淀析出为止，继续加热 10 min 使胡敏酸完全沉淀。过滤，以 0.01 mol/L H_2SO_4 溶液洗涤滤纸和沉淀，洗至滤液无色为止（即富里酸完全洗去）。以热的 0.02 mol/L NaOH 溶液溶解沉淀，将溶解液收集于 150 mL 三角瓶中（切忌溶解液损失），如前法酸化，蒸干，测碳（此时的土样重量 w 相当于 1 g）。

（三）结果计算

1. 腐殖质（胡敏酸和富里酸）总碳量（%）＝ $0.8000/V_0 \times 5.00 \times (V_0 - V_1) \times 0.003 \times 100/W$

式中，V_0——空白试验滴定的硫酸亚铁毫升数；

V_1——待测液滴定用去的硫酸亚铁毫升数；

W——吸取滤液相当的土样重，g；

5.00——空白所用 $K_2Cr_2O_7$ 毫升数；

0.8000——1/6 $K_2Cr_2O_7$ 标准溶液的浓度；

0.003——碳毫摩尔质量 0.012 被反应中电子得失数 4 除得 0.003。

2. 胡敏酸碳量（％）：按上式计算。

3. 富里酸碳量（％）＝腐殖质总碳量（％）－胡敏酸碳量（％）。

4. HA/FA＝胡敏酸碳（％）/富里酸碳（％）。

（四）药品配制

1. 0.1 M 焦磷酸钠和 0.1 M 氢氧化钠混合液：称取分析纯焦磷酸钠 44.6 g 和氢氧化钠 4 g，加水溶解，稀释至 1 L，溶液 pH 值为 13，使用时新配。

2. 3 mol/L H_2SO_4：在 300 mL 水中，加浓硫酸 167.5 mL，再稀释至 1 L。

3. 0.01 mol/L H_2SO_4：取 3 mol/L H_2SO_4 溶液 5 mL，再稀释至 1.5 L。

4. 0.02 mol/L NaOH：称取 0.8 g NaOH，加水溶解并稀释至 1 L。

（五）注意事项

1. 在中和调节溶液 pH 值时，只能用稀酸，并不断用玻璃棒搅拌溶液，然后用玻璃棒蘸少许溶液放在 pH 试纸上，看其颜色，从而严格控制 pH 值。

2. 蒸干前必须将 pH 值调至 7，否则会引起碳损失。

三、思考题

1. 土样消煮时为什么必须严格控制温度和时间？

2. 有机质由有机碳换算，为什么腐殖质用碳表示，而不换算？

3. 测定腐殖质总量和胡敏酸时，都是蒸干后用 $K_2Cr_2O_7$ 氧化消煮进行测定，可否不蒸干测定？怎样测？

实验五　土壤酸碱度的测定

一、土壤 pH 的测定

pH 的化学定义是溶液中 H^+ 离子活度的负对数。土壤 pH 是土壤酸碱度的强度指标，是土壤的基本性质和肥力的重要影响因素之一。它直接影响土壤养分的存在状态、转化和有效性，从而影响植物的生长发育。土壤 pH 易于测定，常用作土壤分类、利用、管理和改良的重要参考。同时在土壤理化分析中，土壤 pH 与很多项目的分析方法和分析结果有密切关系，因而是审查其他项目结果的一个依据。

土壤 pH 分水浸 pH 和盐浸 pH，前者是用蒸馏水浸提土壤测定的 pH，代表土壤的活性酸度（碱度）；后者是用某种盐溶液浸提测定的 pH，大体上反映土壤的潜在酸。盐浸提液常用 1 mol/L KCl 溶液或用 0.5 mol/L $CaCl_2$ 溶液，在浸提土壤时，其中的 K^+ 或 Ca^{2+} 即与胶体表面吸附的 Al^{3+} 和 H^+ 发生交换，使其相当部分被交换进入溶液，故盐浸 pH 较水浸 pH 低。

土壤 pH 的测定方法包括比色法和电位法。电位法的精确度较高，pH 误差约为 0.02 单位，现已成为室内测定的常规方法。野外速测常用混合指示剂比色法，其精确度较差，pH 误差约为 0.5 单位。

（一）混合指示剂比色法

1. 方法原理：指示剂在不同 pH 的溶液中显示不同的颜色，故根据其颜色变化即可确定溶液的 pH。混合指示剂是几种指示剂的混合液，能在一个较广的 pH 范围内，显示出与一系列不同 pH 相对应的颜色，据此测定该范围内的各种土壤 pH。

2. 操作步骤：在比色瓷盘孔内（室内要保持清洁干燥，野外可用待测土壤擦拭），滴入混合指示剂 8 滴，放入黄豆大小的待测土壤，轻轻摇动使土粒与指示剂充分接触，约 1 min 后将比色盘稍加倾斜用盘孔边缘显示的颜色与 pH 比色卡比较，以估读土壤的 pH。

3. 混合指示剂的配制：取麝草兰（T. B）0.025 g、千里香兰（B. T. B）0.4 g、甲基红（M. R）0.066 g、酚酞 0.25 g，溶于 500 mL 95% 的酒精中，加

入同体积蒸馏水，再以 0.1 mol/L NaOH 溶液调至草绿色即可。pH 比色卡用此混合指示剂制作。

（二）电位测定法

1. 方法原理：以电位法测定土壤悬液 pH，通常用 pH 玻璃电极为指示电极，甘汞电极为参比电极。此二电极插入待测液时构成电池反应，其间产生电位差，因参比电极的电位是固定的，故此电位差之大小取决于待测液的 H^+ 离子活度或其负对数 pH。因此可用电位计测定电动势，再换算成 pH，一般用酸度计可直接测读 pH。

2. 操作步骤：称取两份通过 1 mm 筛孔的风干土，每份 10 g，各放在 50 mL 的烧杯中，一份加无 CO_2 蒸馏水，另一份加 1 mol/L KCl 溶液各 25 mL（此时土水比为 1：2.5，含有机质的土壤改为 1：5），间歇搅拌或摇动 30 min，放置 30 min 后用酸度计测定。

附：PHS－3C 型酸度计使用说明

（一）准备工作

把仪器电源线插入 220 V 交流电源，玻璃电极和甘汞电极安装在电极架上的电极夹中，将甘汞电极的引线连接在后面的参比接线柱上。安装电极时玻璃电极球泡必须比甘汞电极陶瓷芯端稍高一些，以防止球泡碰坏。甘汞电极在使用时应把上部的小橡皮塞及下端橡皮套除下，在不用时仍用橡皮套将下端套住。

在玻璃电极插头没有插入仪器的状态下，接通仪器后面的电源开关，让仪器通电预热 30 min。将仪器面板上的按键开关置于 mV 位置，调节后面板的"零点"电位器，使读数为 ±0 之间。

（二）测量电极电位

1. 按准备工作所述对仪器调零。

2. 接入电极。插入玻璃电极插头时，同时将电极插座外套向前按，插入后放开外套。插头拉不出表示已插好。拔出插头时，只要将插座外套向前按动，插头即能自行跳出。

3. 用蒸馏水清洗电极并用滤纸吸干。

4. 电极浸在被测溶液中，仪器的稳定读数即为电极电位（mV 值）。

（三）仪器标定

在测量溶液 pH 值之前必须先对仪器进行标定。一般在正常连续使用时，每天标定一次已能达到要求。但当被测定溶液有可能损害电极球泡的水化层或对测定结果有疑问时应重新进行标定。

标定分"一点"标定和"二点"标定二种。标定进行前应先对仪器调零。标定完成后，仪器的"斜率"及"定位"调节器不应再有变动。

1. 一点标定方法

（1）插入电极插头，按下选择开关按键使之处于 pH 位，将"斜率"旋钮放在 100％处或已知电极斜率的相应位置。

（2）选择一种与待测溶液 pH 值比较接近的标准缓冲溶液。将电极用蒸馏水清洗并吸干后浸入标准溶液中，调节温度补偿器使其指示与标准溶液的温度相符。摇动烧杯使溶液均匀。

（3）调节"定位"调节器使仪器读数为标准溶液在当时温度时的 pH 值。

2. 二点标定方法

（1）插入电极插头，按下选择开关按键使之处于 pH 位，将"斜率"旋钮放在 100％处。

（2）选择两种标准溶液，测量溶液温度并查出这两种溶液与温度对应的标准 pH 值（假定为 pHS_1 和 pHS_2）。将温度补偿器放在溶液温度相应位置。将电极用蒸馏水清洗并吸干后浸入第一种标准溶液中，稳定后的仪器读数为 pH_1。

（3）再将电极用蒸馏水清洗并吸干后浸入第二种标准溶液中，仪器读数为 pH_2。计算 $S = [(pH_1 - pH_2) / (pHS_1 - pHS_2)] \times 100\%$，然后将"斜率"旋钮调到计算出来的 S 值相对应位置，再调节定位旋钮使仪器读数为第二种标准溶液的 pHS_2 值。

（4）再将电极浸入第一种标准溶液中，如果仪器显示值与 pHS_1 相符，那么标定完成。如果不符，那么分别将电极依次再浸入这两种溶液中，在比较接近 pH 为 7 的溶液中时"定位"，在另一种溶液中时调"斜率"，直至两种溶液都能相符为止。

（四）测量 pH 值

1. 已经标定过的仪器即可用来测量被测溶液的 pH 值，测量时"定位"及"斜率"调节器应保持不变，"温度补偿"旋钮应指示溶液温度位置。

2. 将清洗过的电极浸入被测溶液，摇动烧杯使溶液均匀，稳定后的仪器读数即为该溶液的 pH 值。

3. 注意事项。

（1）土水比的影响：一般土壤悬液愈稀，测得的 pH 愈高，尤以碱性土的稀释效应较大。为了便于比较，测定 pH 的土水比应当固定。经试验，采用 1:1 的土水比，碱性土和酸性土均能得到较好的结果，对于酸性土采用 1:5 和 1:1 的土水比所测得的结果基本相似，故建议对于碱性土采用 1:1 或 1:2.5 土水比进行测定。

（2）蒸馏水中 CO_2 会使测得的土壤 pH 偏低，故应尽量除去，以避免其干扰。

（3）待测土样不宜磨得过细，宜用通过 1 mm 筛孔的土样测定。

（4）不用玻璃电极测油液，在使用前应在 0.1 mol/L NaCl 溶液或蒸馏水中浸泡 24 h 以上。

（5）甘汞电极一般为 KCl 饱和溶液灌注，如果发现电极内已无 KCl 结晶，应从侧面投入一些 KCl 结晶体，以保持溶液的饱和状态。不使用时，电极可放在 KCl 饱和溶液或纸盒中保存。

4. 试剂配制。

（1）1 mol/L KCl 溶液：称取 74.6 g KCl 溶于 400 mL 蒸馏水中，用 10% KOH 或 KCl 溶液调节 pH 为 5.5～6.0，而后稀释至 1 L。

（2）标准缓冲溶液

① pH 4.03 缓冲溶液：将苯二甲酸氢钾在 105 ℃ 条件下烘 2～3 h 后，称取 10.21 g，用蒸馏水溶解稀释至 1 L。

② pH 6.86 缓冲溶液：称取在 105 ℃ 烘 2～3 h 的 KH_2PO_4 4.539 g 或 $Na_2HPO_4 \cdot 2H_2O$ 5.938 g，溶解于蒸馏水中并定容至 1 L。

二、土壤交换性酸的测定（氯化钾交换——中和滴定法）

土壤交换性酸指土壤胶体表面吸附的交换性氢、铝离子总量，属于潜在酸而与溶液中氢离子（活性酸）处于动态平衡，是土壤酸度的容量指标之一。土壤交换性酸控制着活性酸，因而决定着土壤的 pH；同时过量的交换性铝对大多数植物和有益微生物均有一定的抑制或毒害作用。

（一）方法原理

在非石灰性土和酸性土中，土壤胶体吸附着一部分氢、铝离子，当以 KCl 溶液淋洗土壤时，这些氢、铝离子便被钾离子交换而进入溶液。此时不但氢离子使溶液呈酸性，而且由于铝离子的水解，也增加了溶液的酸性。当用 NaOH 标准溶液直接滴定淋洗液时，所得结果（滴定度）为交换性酸（交换性氢、铝离子）总量。另外在淋洗液中加入足量 NaF，使铝离子形成络合离子，从而防止其水解，反应如下：

$$AlCl_3 + 6NaF \longrightarrow Na_3AlF_6 + 3NaCl$$

然后再用 NaOH 标准溶液滴定，即得交换性氢离子量。由两次滴定之差计算出交换性铝离子量。

（二）操作步骤

1. 称取通过 0.25 mm 筛孔的风干土样，重量相当于 4 g 烘干土，置于 100 mL 三角瓶中。加 1 mol/L KCl 溶液约 20 mL，振荡后滤入 100 mL 容量瓶中。

2. 同上多次地用 1 mol/L KCl 溶液浸提土样，将浸提液过滤于容量瓶中。每次加入 KCl 浸提液必须待漏斗中的滤液滤干后再进行。当滤液接近容量瓶刻度时，停止过滤，取下漏斗用 KCl 溶液定容摇匀。

3. 吸取 25 mL 滤液于 100 mL 三角瓶中，煮沸 5 min 以除去 CO_2，加酚酞指示剂 2 滴，趁热用 0.02 mol/L 的 NaOH 标准溶液滴定，至溶液显粉红色即为终点。记下 NaOH 溶液的用量（V_1），据此计算交换性酸总量。

4. 另取一份 25 mL 滤液，煮沸 5 min，加 1 mL 3.5% NaF 溶液，冷却后，加酚酞指示剂 2 滴，用 0.02 mol/L NaOH 溶液滴定至终点，记下 NaOH 溶液的用量（V_2），据此计算交换性氢离子量。

（三）结果计算

1. 土壤交换性酸总量（cmol/kg）＝$V_1 \times C \times t_s / W \times 100$。

2. 土壤交换性氢总量（cmol/kg）＝$V_2 \times C \times t_s / W \times 100$。

3. 土壤交换性铝总量（cmol/kg）＝交换性酸总量－交换性氢总量

式中，V_1——滴定交换性酸总量消耗的 NaOH 毫升数；

V_2——滴定交换性氢消耗的 NaOH 毫升数；

C——NaOH 标准溶液的浓度；

t_s——分取倍数＝100 mL/25 mL；

W——烘干土样重，g。

（四）试剂配制

1. 0.02 mol/L NaOH 标准溶液：取 100 mL 1 mol/L NaOH 溶液，加蒸馏水稀释至 5 L，准确浓度以苯二甲酸氢钾标定。

2. 1 mol/L KCl 溶液：配制同前。

3. 3.5% NaF 溶液：称 NaF（化学纯）3.5 g，溶于 100mL 蒸馏水中，贮存于涂蜡的试剂瓶中。

4. 1% 酚酞指示剂：称 1 g 酚酞溶于 100 mL 95% 的酒精中。

三、土壤水解性酸的测定（醋酸钠水解——中和滴定法）

水解性酸也是土壤酸度的容量因素，它代表盐基不饱和土壤的总酸度，包括活性酸、交换性酸和水解性酸三部分的总和。土壤水解性酸加交换性盐基，接近于阳离子交换量，因而可用来估算土壤的阳离子交换量和盐基饱和度。土壤水解性酸也是计算石灰施用量的重要参数之一。

（一）方法原理

用 1 mol/L 醋酸钠（pH 为 8.3）浸提土壤，不仅能交换出土壤的交换性氢、铝离子，还由于醋酸钠水解产生 NaOH 的钠离子，能取代出有机质较难解离的某些官能团上的氢离子，即可水解成酸。

（二）操作步骤

1. 称取通过 1 mm 筛孔风干土样，重量相当于 5.00 g 烘干土，放在 100 mL 三角瓶中，加 1 mol/L CH₃COONa 约 20 mL，振荡后滤入 100 mL 容量瓶中。

2. 同上多次地加 1 mol/L 醋酸钠溶液浸提土样，浸提液滤入 100 mL 容量瓶中，每次加入 CH₃COONa 浸提液必须待漏斗中的滤液滤干后再进行，直至滤液接近刻度，用 1 mol/L 醋酸钠溶液定容摇匀。

3. 吸取滤液 50.00 mL 于 250 mL 三角瓶中，加酚酞指示剂 2 滴，用 0.02 mol/L NaOH 标准溶液滴定至明显的粉红色，记下 NaOH 标准溶液的用量（V）。

注：滴定时滤液不能加热，否则醋酸钠强烈分解，醋酸蒸发呈较强碱性，造成很大的误差。

（三）结果计算

$$水解性酸度（cmol/kg）=V \times C \times t_s / W \times 100$$

式中，V——NaOH 标准溶液消耗的毫升数；

C——NaOH 标准溶液的浓度；

t_s——分取倍数；

W——烘干土样重，g。

如果已有土壤阳离子交换量和交换性盐基总量的数据，水解性酸度也可以用计算求得。

水解性酸度＝阳离子交换量－交换性盐基总量。

式中三者的单位均为 cmol/kg。这样计算的水解性酸度比单独测定的水解性酸度更准确。

（四）试剂配制

1. 1 mol/L 醋酸钠溶液：称取化学纯醋酸钠（CH₃COONa·3H₂O）136.06 g，加水溶解后定容至 1 L。用 1 mol/L NaOH 或 10％醋酸溶液调节 pH 至 8.3。

2. 0.02 mol/L NaOH 标准溶液：同前。

3. 1％酚酞指示剂：同前。

四、思考题

1. 土壤水浸和盐浸 pH 有何差别？原因何在？

2. 土壤 pH 与交换性酸有何关系？

3. 为什么一般土壤的水解性酸度大于交换性酸？

实验六　土壤结构形状的观察及微团聚体分析

一、土壤结构形状的观察

土壤颗粒往往不是分散单独存在的，而是以不同原因相互团聚成大小、形状和性质不同的土团、土块或土片，称为土壤结构。土壤结构影响土壤孔性，从而影响土壤水、气、肥状况和土壤耕性。因此鉴定土壤结构是观察土壤剖面的一个重要项目，也是分析土壤肥力的一项指标。本次实验观察土壤结构标本，为野外土壤剖面观察记载打好基础。

（一）土壤结构类型

土壤结构类型及大小的区分见表 6-1 所列。

表 6-1　土壤结构类型及大小的区分　　　　（单位：mm）

类　型	形　状	结构单位	直径/厚度
1. 结构体沿长、宽、高三轴平衡发育	1. 块状：棱角不明显，形状不规则；界面与棱角不明显	大块状结构 小块状结构	>10 100～50
	2. 团块状：棱面不明显，形状不规则，略呈圆形，表面不平	大团块结构 团块结构 小团块结构	50～30 30～10 <10
	3. 核状：形状大致规则，有时呈圆形	大核状结构 核状结构 小核状结构	>10 10～7 7～5
	4. 粒状：形状大致规则，有时呈圆形	大粒状结构 粒状结构 小粒状结构	5～3 3～1 1～1.5

（续表）

类　型	形　状	结构单位	直径/厚度
2. 结构体沿垂直轴发育	5. 柱状：形状规则，明显的光滑垂直侧面，横断面形状不规则	大柱状结构 柱状结构 小柱状结构	横断面直径 ＞50 50～30 ＜30
	6. 棱柱状：表面平整光滑，棱角尖锐，横断面略呈三角形	大棱状结构 棱状结构 小棱状结构	＞50 50～30 ＜30
3. 结构体沿水平轴发育	7. 片状：有水平发育的节理平面	板状结构 片状结构	厚度＞3 ＜3
	8. 鳞片状：结构体小，局部有弯曲的节理平面	鳞片状结构	
	9. 透镜状：结构上、下部均为球面	透镜状结构	

（二）观察方法

在野外观察土壤结构时，必须挖出一大块土体，用手顺其结构之间的裂隙轻轻掰开，或轻轻摔于地上，使结构体自然散开，然后观察结构体的形状、大小，与附表对照，确定结构体类型。再用放大镜观察结构体表面有无黏粒或铁锰淀积形成的胶膜，并观察结构体的聚集形态和孔隙状况。观察完后用手指轻压结构体，看其散开后的内部形状或压碎的难易，也可将结构体浸泡于水中，观察其散碎的难易和散碎的时间，以了解结构体的水稳性。

二、土壤微团聚体分析

土壤中孔径小于 0.25 mm 的团聚体称为微团聚体，它是构成土壤团聚体的颗粒单位，并决定土壤团聚体的质量特征。因此，在进行土壤农业评价时，除了解土壤质地外，还需测定土壤微团聚体，并根据这两种资料计算土壤分散系数、结构系数和团聚度。它们都是影响土壤肥力状况的重要物理性质。

（一）方法原理

土壤微团聚体分析原理及操作过程基本上与颗粒分析相同，只是土样分散处理不同。前者只采用物理机械分散法（振荡）而不加化学分散剂处理土样。

（二）操作步骤

1. 称取通过 1 mm 筛孔的土样 30 g，装入 500 mL 塑料瓶中，加 250 mL 蒸馏水，浸泡 24 h。

2. 将塑料瓶盖上，在平行往返振荡机上振荡 2 h（100 次/min）。

3. 将分散后的土样洗入 1000 mL 量筒中，之后按颗粒分析的操作步骤测定各级微团聚体的数量（见前）。

（三）结果计算

1. 分散系数 K_1（%）$=a/b×100$

式中，a——微团聚体分析所得黏粒数量；

b——颗粒分析所得黏粒数量。

分散系数越高，反映土壤结构水稳性越差。

2. 分散系数 K_2（%）$=(b-a)/b×100$

a、b 的意义同上。

3. 团聚度（%）$=(A-B)/A×100$

式中，A——团聚体分析时 1~0.05 mm 颗粒含量；

B——颗粒分析时 1~0.05 mm 颗粒含量。

（四）、作业

1. 用本次实验结果和前面所作机械分析结果计算土壤分散系数、结构系数和团聚度。

2. 利用文字表达解释分散系数、结构系数、团聚度的概念。

三、思考题

1. 在观察土壤结构时，能否强行用力将大土块分开？

2. 分析土壤的微团聚体时，为什么分散处理时不加化学分散剂而采用振荡？

实验七　土壤比重、容重和孔隙度的测定

一、比重的测定

土壤比重又称土壤的真比重，是指单位体积的固体土粒重与同体积的水重之比。土壤比重可用来计算土壤的总孔隙度，其数值大小还可间接反映土壤的矿物组成和有机质含量。

（一）方法原理

通常使用比重瓶法，根据排水称重的原理，将已知重量的土样放入容积一定的盛水比重瓶中，完全除去空气后，固体土粒所排出的水体积即为土粒的体积，以此去除土粒干重即得土壤比重。

（二）操作步骤

1. 称取通过 1 mm 筛孔相当于 10 g 烘干土的风干土样，倒入比重瓶中，再注入少量（约为比重瓶的三分之一）蒸馏水，轻轻摇动使水土混匀，再砂浴煮沸*，不时摇动比重瓶，以驱除土样和水中的空气。

2. 煮沸半小时后取下冷却，加煮沸后的冷蒸馏水，充满比重瓶上端的毛细管，在感量为 1/1000 的天平上称重，设为 B g。

3. 将比重瓶内的土倒出，洗净，然后将煮沸的冷蒸馏水注满比重瓶，盖上瓶塞，擦干瓶外水分，称重为 A g。

（三）结果计算

土壤比重＝干土重（g）/固体土粒体积（cm³）/水的密度（1 g/cm³）

（四）仪器设备

1. 容积为 50 mL 的短颈比重瓶一支。

2. 感量为 0.001 g 的天平一台。

3. 电砂浴或电热板。

---

* 含活性胶体或可溶性盐较多的土壤，因黏滞水或盐分的影响，会使结果偏大，要用非极性液体代替蒸馏水，先将试样烘至恒重，用真空抽气代替煮沸。

4. 滴管、小漏斗等。

二、土壤容重的测定（环刀法）

土壤容重又叫土壤的假比重，是指田间自然状态下，每单位体积土壤的干重，通常用 g/cm^3 表示。

土壤容重除用来计算土壤总孔隙度外，还可用于估计土壤的松紧和结构状况。

（一）方法原理

用一定容积的钢制环刀，切割自然状态下的土壤，使土壤恰好充满环刀容积，然后称量并根据土壤自然含水量计算每单位体积的烘干土重即土壤容重。

（二）操作步骤

1. 在室内先称量环刀（连同底盘、垫底滤纸和顶盖）的重量，环刀容积一般为 $100~cm^3$。

2. 将已称量的环刀带至田间采样。采样前，将采样点土面铲平，去除环刀两端的盖子，再将环刀（刀口端向下）平稳压入土中，切忌左右摆动，在土柱冒出环刀上端后，用铁铲挖周围土壤，取出充满土壤的环刀，用锋利的削土刀削去环刀两端多余的土壤，使环刀内的土壤体积恰为环刀的容积。在环刀刀口一端垫上滤纸，并盖上底盖，环刀上端盖上顶盖。擦去环刀外的泥土，立即带回室内称重。

3. 在紧靠环刀采样处，再采土 $10\sim15~g$，装入铝盒带回室内测定土壤含水量。

（三）结果计算

1. 环刀内干土重（g）＝ $100\times$ 环刀内湿土重（g）/［$100+$ 土壤含水量（%）］。

2. 土壤容重（g/cm^3）＝环刀内干土重（g）/环刀容积（$100~cm^3$）。

（四）仪器设备

1. 容积为 $100~cm^3$ 的钢制环刀。

2. 削土刀及小铁铲各一把。

3. 感量为 0.1 g 及 0.01 g 的粗天平各一架。

4. 烘箱、干燥器及小铝盒等。

三、土壤浸水容重的测定

土壤浸水容重，可以反映水稻土耕性：浸水容重大（＞0.6 g/mL），土壤容易淀浆板结；而浸水容重小（＜0.5 g/mL），水稻土容易起浆。糯性和粳性水稻土介于二者之间，粳性又较糯性的浸水容重大。

（一）测定步骤

称取两份从田间采回的新鲜水稻土各 10～15 g（黏重土 10 g，轻壤土 15 g）。一份测含水量，另一份放入 100 mL 量筒中，加蒸馏水至刻度并不断搅拌 1 min，去除封闭在土壤中的气泡，而后静置，让其自然下沉，待上部浑浊液基本澄清而下部土壤体积不再增减时，测出下沉土壤所占的体积，设其为 V。

（二）结果计算

$$土壤浸水容重（g/mL）＝烘干土重（g）/V（mL）$$

（三）仪器设备

1. 100 mL 量筒。

2. 感量为 0.1 g 的粗天平。

四、土壤总孔隙度的计算

土壤总孔隙度是指自然状态下，土壤中孔隙的体积占土壤总体积的百分比。土壤孔隙度不仅影响土壤的通气状况，还反映土壤松紧度和结构状况的好坏。

土壤总孔隙度一般不直接测定，而是用比重和容重计算求得。

$$土壤总孔隙度（\%）＝（1－容重/比重）×100$$

如果未测定土壤比重，可采用土壤比重的平均值 2.65 来计算，也可直接用土壤容重（dv）通过经验公式，计算出土壤的孔隙度 P_1。

$$经验公式 P_1（\%）＝93.947－32.995dv$$

为方便起见，可按上述计算出常见土壤容重范围的土壤总孔隙度查对表（见表 7-1）。

查表举例：$dv＝0.87$ 时，　　$P_1＝65.24\%$；

　　　　　　$dv＝1.72$ 时，　　$P_1＝37.20\%$。

表 7-1　土壤总孔隙度查对表

P_1	dv									
	0.00	0.01	0.02	0.03	0.04	0.05	0.06	0.07	0.08	0.09
0.7	70.85	70.52	70.19	69.86	69.53	69.20	68.87	68.54	68.21	67.88
0.8	67.55	67.22	66.89	66.56	66.23	65.90	65.57	65.24	64.91	64.58
0.9	64.25	63.92	63.59	63.26	62.93	62.60	62.27	61.94	61.61	61.28
1.0	60.95	60.62	50.29	59.96	59.63	59.30	58.97	58.64	58.31	57.88

（续表）

P_1	dv									
	0.00	0.01	0.02	0.03	0.04	0.05	0.06	0.07	0.08	0.09
1.1	57.65	57.32	56.99	56.66	56.33	56.00	55.67	55.34	55.01	54.68
1.2	54.35	54.02	53.69	53.36	53.03	52.70	52.37	52.04	51.71	51.38
1.3	51.05	50.72	50.39	50.06	47.73	49.40	49.07	48.74	48.41	48.08
1.4	47.75	47.42	47.09	46.76	46.43	46.10	45.77	45.44	45.11	44.79
1.5	44.46	44.43	43.80	43.47	42.14	42.81	42.48	42.12	41.82	41.49
1.6	41.16	40.83	40.50	40.17	39.84	39.51	39.18	38.85	38.52	38.19
1.7	37.86	37.53	37.20	36.87	36.54	36.21	35.88	35.55	35.22	34.89

五、思考题

1. 为什么不同质地的土壤，其容重和总孔隙度不同？

2. 土壤中大、小孔隙比例对土壤的水分、空气状况有何影响？

实验八　土壤最大吸湿量、田间持水量和毛管持水量的测定

本实验测定的三种土壤水分含量均是重要的土壤水分性质，是反映土壤水分状况的重要指标，与土壤保水、供水有密切的关系。

一、土壤最大吸湿量的测定

风干土样所吸附的水气，称为吸湿水。土壤吸湿水的多少与空气相对湿度有关，当空气湿度接近饱和时，土壤吸湿水达到最大量，称为最大吸湿量或吸湿系数。最大吸湿量的 1.25～2.00 倍，大约相当于凋萎系数。凋萎系数的测定较难，故可由最大吸湿量间接计算而得。土壤最大吸湿量也可以用来估计土壤比表面的大小。

（一）方法原理

饱和 K_2SO_4 在密闭条件下可使空气相对湿度达 98%～99%，风干土样在此相对湿度下达最大吸湿量。

（二）操作步骤

1. 称取通过 1 mm 筛孔的风干土样 5～20 g（黏土和有机质多的土壤 5～10 g，壤土 10～15 g，砂土 15～20 g），平铺于已称重的称量皿底部。

2. 将称量皿放入干燥器中的有孔磁板上，另用小烧杯盛饱和 K_2SO_4 溶液，按每克土大约 2 mL 计算，同样放入干燥器内。

3. 将干燥器放在温度保持在 20 ℃ 的地方，让土壤吸湿。

4. 土样吸湿一周左右，取出称重，再将其放入干燥器内使之继续吸水，以后每隔 2～3 天称一次，直至土样达恒重（前后两次重量之差不超过 0.005 g），计算时取其大者。

5. 将达恒重的土样置于 105～110 ℃ 烘箱内烘至恒重，按一般计算土壤含水量的方法计算出土壤最大吸湿量。

二、土壤田间持水量测定

土壤田间持水量是指地下水位较深时，土壤所能保持的最大含水量。因此其

是表征田间土壤保持水分能力的指标，也是计算土壤灌溉量的指标。

（一）土壤田间持水量的野外测定方法

1. 方法原理

通过灌水、渗漏使土壤在一定时间内达到毛管悬着水的最大量时，取土测定水分含量，此时的土壤水分含量即为土壤田间持水量。

2. 操作步骤

（1）选地：在田间地块上选一个具有代表性的测试地段；先将地面平整，使灌水时水不致积聚于低洼处而影响水分均匀下渗。

（2）筑埂：测试地段面积一般为 4 m²，四周筑起一道土埂（从埂外取土筑埂），埂高 30 cm，底宽 30 cm。然后在其中央放上方木框，入土深度为 25 cm。框内面积 1 m² 为测试区。若无木框，可再筑一内埂代之，埂内面积仍为 1 m²。木框或内埂外的部分为保护区，以防止测试区内的水外流。

（3）计算灌水量：从测试点附近取土测定 1 m 深内土层的含水量，计算其蓄水量。按土壤的孔隙度（总孔隙度）计算，使 1 m 土层内全部孔隙充水时的总灌水量减去土壤现有蓄水量，差值的 1.5 倍即为需要补充的灌水量。

如果缺少土壤孔隙度的实测数据，可以参见表 8-1 数据计算：

表 8-1　土壤质地与孔隙度对照表

土壤质地	孔隙度
黏土及重壤土	50%～45%
中壤土及轻壤土	45%～40%
砂壤土	40%～35%
砂　土	35%～30%

例如，设 1 m 土层的平均孔隙度为 45%，为使其全部孔隙充满水分，需要的水量是：

$$1000 \text{ mm }（1 \text{ m}）×45\%＝450 \text{ mm}$$

设土层现有蓄水量为 150 mm，则应增加的水量即灌水量为：

$$（450 \text{ mm}－150 \text{ mm}）×1.5＝450 \text{ mm}$$

计算测试区 1 m² 的灌水量为：

$$1 \text{ m}²×0.45 \text{ m }（450 \text{ mm}）＝0.45 \text{ m}³$$

又因为，1 m³（水）＝1000 L，所以 0.45 m³＝450 L。

保护区面积＝（4－1）m² ＝ 3 m²，所需灌水量为：450 L×3＝1350 L。这样，测试区和保护区共需灌水量为 1800 L。

（4）灌水：灌水前在地面上薄铺一层干草，避免灌水时冲击而破坏表土结构。然后灌水。灌水时先灌保护区，迅速建立 5 cm 厚的水层，同时向测试区灌水，同样建立 5 cm 厚的水层，直至用完计算的全部灌水量。

（5）覆盖：灌完水后，在测试区和保护区再覆盖 50 cm 厚的草层，避免土壤水分蒸发损失。为了防止雨水渗入的影响，在草层上覆盖塑料薄膜。

（6）取土测定水分：灌水后，砂壤土和轻壤土经 1～2 昼夜，重壤土和黏土经 3～4 昼夜取土测定含水量，取土后仍将地面覆盖好。称取 20.0 g 取回的土样，测定其水分含量，即为土壤的田间持水量。

（二）田间持水量室内测定方法

1. 按容重采土的方法用环刀在野外采取原状土，放于盛水的盆（或盘）内，有孔盖（底盖）一端朝下，盆内水面较环刀上缘低 1～2 mm，勿使环刀上面淹水，让土壤中水分饱和。

2. 同时在相同土层采土，风干后磨细过 1 mm 筛孔，装入环刀中（或用石英砂代替干土），装入时要轻拍击实，并稍微装满一些。

3. 将水分饱和一昼夜的装有原状土的环刀取出，打开底盖（有孔盖），将其连滤纸一起放在装有干土（或石英砂）的环刀上。为紧密接触，可压上砖头（一对环刀用两块砖压）。

4. 经过 8 h 吸水后，从环刀内取出 15～20 g 原状土测定含水量，此值接近于该土壤的田间持水量。

5. 结果计算：

土壤田间持水量（％）＝（湿土重－干土重）/干土重×100

土壤相对含水量（％）＝土壤自然含水量（％）/土壤田间持水量（％）×100

根据土壤比重、容重、总孔隙度和田间持水量，可计算土壤在田间持水量时的固、液、气三相体积：

土壤固相体积（％）＝土壤容重/土壤比重×100

土壤液相体积（％）＝田间持水量（％）×容重

土壤气相体积（％）＝总孔隙度（％）－土壤液相体积（％）

三、土壤毛管持水量测定

土壤毛管持水量是土壤的一项重要水分常数，可根据其数值换算土壤的毛管孔隙度和通气孔隙度（或非毛管孔隙度）。

（一）操作步骤

1. 按测定土壤容重的采土方法，在田间用环刀采取原状土，带回室内于盛有 $2\sim3$ mm 水层的瓷盘中，让土壤毛细管吸水。

2. 砂土吸水时间为 $4\sim6$ h，黏土为 $8\sim12$ h 或更长，然后取出环刀，除去多余的自由水。

3. 从环刀中取出 $4\sim5$ g 湿土测定含水量，即为土壤毛管持水量。亦可根据测定容重时环刀内的干土重换算求得，即

土壤毛管持水量（%）＝（环刀内湿土重－环刀内干土重）/环刀内干土重×100

（二）土壤毛管孔隙度和通气孔隙度的计算

土壤毛管孔隙度（%）＝土壤毛管持水量（%）×土壤容重

土壤通气孔隙度（%）＝土壤总孔隙度（%）－土壤毛管孔隙度（%）

四、药品配制：

饱和 K_2SO_4 溶液：称取 100 g K_2SO_4 溶于 1 L 蒸馏水中，溶液应见白色未溶的 K_2SO_4 晶体，否则要适当增加 K_2SO_4 量。

五、作业题

1. 列出实验数据，计算各项土壤水含量。

2. 计算土壤在田间持水量时的三相比。

3. 计算土壤的毛管孔隙度和通气孔隙度。

六、思考题

1. 测定最大吸湿量时，要让土壤在特定的温度（20 ℃）和相对湿度（98%）条件下吸湿，为什么？

2. 室内测定土壤田间持水量和毛管持水量的方法有何不同？二者结果在反映土壤水分状况上有何重要意义？

实验九　土壤水吸力的测定

　　土壤水吸力是反映土壤水分能态的指标，它是在水分随一定土壤吸力状况下的水分能量状态，以土壤对水的吸力来表示。植物从土壤中吸水，必须以更大的吸力来克服土壤对水的吸力，因此土壤水吸力可以直接反映土壤的供水能力以及土壤水分的运动，较之单纯用土壤含水量反映土壤水分状况更有实际意义。测定土壤水吸力是控制土壤水分状况，调节植物吸收水分和养分的一种重要手段。

（一）测定原理

　　本实验采用土壤湿度计（又名张力计或负压计）测定土壤水吸力。当充满水、密封的土壤湿度计插入水分不饱和的土壤后，由于土壤具有吸力，土壤便通过湿度计的陶土管壁"吸"水，陶土管是不透气的，因此此时仪器内部便产生一定的真空，使负压表指示出负压力。当仪器与土壤吸力达平衡时，此负压力即为土壤水吸力。

（二）土壤湿度计构造

　　土壤湿度计由下列部件所组成。

　　1. 陶土管：是土壤湿度计的感应部件，它有许多细小而均匀的孔隙。当陶土管完全被水浸润后，其孔隙间的水膜能让水或溶液通过而不让空气通过。

　　2. 负压表：是土壤湿度计的指示部件，一般为汞柱负压表或弹簧管负压表。

　　3. 集气管：为收集仪器里的空气之用。

（三）测定方法

　　1. 仪器的准备：在使用土壤湿度计之前，为使仪器达到最大灵敏度，必须把仪器内部的空气除尽，方法是除去集气管的盖和橡皮塞，将仪器倾斜，注入经煮沸后冷却的无气水，注满后将仪器直立，让水将陶土管润湿，并见有水从表面滴出。在注水口塞入一个插有注射针的橡皮塞，进行抽气，此时可见真空表指针移至 400 毫米汞柱左右，并有气泡从真空表中逸出，逐渐聚集在集气管中。拔出塞子则真空表指针返回原位。继续将仪器注满无气水，同上抽气，重复 3～4 次，便可除尽仪器系统中的空气，盖好橡皮塞和集气管盖，仪器即可使用。

2. 安装：在需测量的田块上选择好有代表性的地方，以钻孔器开孔到待测深度，将湿度计插入。为了使陶土管与土壤接触紧密，开孔后可撒入少量碎土于孔底，然后插入仪器，再填入少量碎土，将仪器上下移动，使陶土管与周围土壤紧接。最后再填入其余的土壤。

3. 观测：仪器安装好以后，一般需 2 h～1 d 方与土壤吸力平衡，平衡后便可观测读数。读数时可轻轻敲击负压表，以消除读盘内的摩擦力，使指针达到应指示的吸力刻度。一般都在早晨读数，以避免土温变化的影响。

4. 检查：使用仪器过程中，定期检查集气管中空气容量，如空气容量超过集气管容积的 2/3，必须重新加水。可直接打开盖子和塞子，注入无气水，再加盖和塞密封。若这样加水会搅动陶土管与土壤接触，则需拔出重新开孔埋设。

5. 附表（表 9-1、表 9-2）如下。

表 9-1　毫米汞柱、毫巴与帕斯卡对照表

毫米汞柱（mmHg）	毫巴（mb）	帕斯卡（Pa）	毫米汞柱（mmHg）	毫巴（mb）	帕斯卡（Pa）
1	1.33329	1.33329×10^2	400	533	533×10^2
50	67	67×10^2	450	600	600×10^2
75	100	100×10^2	500	666	666×10^2
100	133	133×10^2	550	733	733×10^2
150	200	200×10^2	600	800	800×10^2
200	267	267×10^2	650	866	866×10^2
250	333	333×10^2	700	933	933×10^2
300	400	400×10^2	750	1000	1000×10^2
350	467	467×10^2			

表 9-2　毫巴与毫米汞柱、帕斯卡对照表

毫巴（mb）	帕斯卡（Pa）	毫米汞柱（mmHg）	毫巴（mb）	帕斯卡（Pa）	毫米汞柱（mmHg）
1	1×10^2	0.7502	400	400×10^2	300
50	50×10^2	38	450	450×10^2	338
100	100×10^2	75	500	500×10^2	375
150	150×10^2	113	550	550×10^2	413

（续表）

毫巴 （mb）	帕斯卡 （Pa）	毫米汞柱 （mmHg）	毫巴 （mb）	帕斯卡 （Pa）	毫米汞柱 （mmHg）
200	200×10^2	150	600	600×10^2	450
250	250×10^2	188	650	650×10^2	488
300	300×10^2	225	700	700×10^2	525
350	350×10^2	263	750	750×10^2	563

埋在土中的陶土管与地面负压表之间有一段距离，在仪器充水时对陶土管产生一个静水压力，负压表读数实际上包括这一个静水压力在内，因此在读数中应减去一个校正值（零位校正），即陶土管中部至负压表的距离。一般测量表层时，此校正值忽略不计。

（四）实验作业

比较土壤水吸力为100 mb 时土壤含水量与前面实验所测土壤田间持水量的大小，说明二者的关系。

（五）思考题

1. 为什么排出仪器内的空气，是使仪器达到最大灵敏度的必要措施？

2. 一天之中不同时间所测得的土壤水吸力是否相同？为什么？

3. 附表中水吸力的单位——毫米汞柱、毫巴、帕斯卡是怎样互相换算的？

4. 比较实验八土壤田间持水量、毛管持水量与同一个土壤类型10 kPa 时土壤含水量的大小，思考其相互关系。

实验十 土壤速效养分含量的测定

土壤中能被植物直接吸收，或在短期内能转化为可被植物吸收的养分，叫速效养分。养分总量中速效养分虽然只占很少部分，但它是反映土壤养分供应能力的重要指标。因此测定土壤中速效养分，可作为科学种田、经济合理施肥的参考。

一、土壤水解性氮含量测定

（一）方法原理

土壤水解性氮（或称碱解氮）包括无机态氮（铵态氮、硝态氮）及易水解的有机态氮（氨基酸、酰胺和易水解蛋白质）。用碱液处理土壤时，易水解的有机氮及铵态氮转化为氨，硝态氮则先经硫酸亚铁转化为铵。以硼酸吸收氨，再用标准酸滴定，计算水解性氮含量。

（二）操作步骤

称取通过 1 mm 筛孔的风干土样 2 g（精确到 0.01 g）和硫酸亚铁粉剂 0.2 g 均匀铺在扩散皿外室，水平地轻轻旋转扩散皿，使土样铺平。在扩散皿的内室中，加入 2 mL 2% 含指示剂的硼酸溶液，然后在皿的外室边缘涂上碱性甘油，盖上毛玻璃，并旋转之，使毛玻璃与扩散皿边缘完全黏合，再慢慢转开毛玻璃的一边，使扩散皿露出一条狭缝，迅速加入 10 mL 1.07 mol/L NaOH 溶液于扩散皿的外室中，立即将毛玻璃旋转盖严，在实验台上水平地轻轻旋转扩散皿，使溶液与土壤充分混匀，并用橡皮筋固定；随后小心放入 40 ℃ 的恒温箱中，24 h 后取出，用微量滴定管以 0.005 mol/L 的 H_2SO_4 标准液滴定扩散皿内室硼酸液吸收的氨量，其终点为溶液变为紫红色。

另取一个扩散皿，做空白试验，不加土壤，其他步骤与有土壤的相同。

（三）结果计算

$$碱解氮（N）含量（mg/kg）= \frac{C\,(V-V_0)\times14.0}{m}\times10^3$$

式中，C——HCl 标准溶液的摩尔浓度，mol/L；

V——样品滴定用去 HCl 标准溶液的体积，mL；

V_0——空白滴定用去 HCl 标准溶液的体积，mL；

14.0——氮原子的摩尔质量，g/mol；

m——样品质重，g；

10^3——将 mL 换算成 L。

本实验二次平行测定结果之间允许绝对相差 5 mg/kg。

（四）注意事项

在测定过程中碱的种类和浓度、土液比例、水解的温度和时间等因素对测得值的高低，都有一定的影响。为了得到可靠的、能相互比较的结果，必须严格按照所规定的条件进行测定。

（五）主要仪器及试剂配制

1. 仪器：扩散皿、半微量滴定管（5 mL）和恒温箱。

2. 试剂：

（1）1.07 mol/L NaOH 溶液：称取 42.8 g NaOH 溶于水中，冷却后稀释至 1 L。

（2）2‰ H_3BO_3 指示剂溶液：称取 H_3BO_3 20 g，加水 900 mL，稍稍加热溶解，冷却后，加入混合指示剂 20 mL（将 0.099 g 溴甲酚绿和 0.066 g 甲基红溶于 100 mL 乙醇中）。然后以 0.1 mol/L NaOH 溶液调节溶液至红紫色（pH 约为 5），最后加水稀释至 1000 mL，混合均匀贮于瓶中。

（3）0.005 mol/L H_2SO_4 标准液：取浓 H_2SO_4 1.42 mL，加蒸馏水 5000 mL，然后用标准碱或硼砂（$Na_2B_4O_7 \cdot 10H_2O$）标定之。

（4）碱性甘油：加 40 g 阿拉伯胶和 50 mL 水于烧杯中，温热至 70～80 ℃搅拌促溶，冷却约 1 h，加入 20 mL 甘油和 30 mL 饱和 K_2CO_3 水溶液，搅匀放冷，离心除去泡沫及不溶物，将清液贮于玻璃瓶中备用。

（5）硫酸亚铁粉：将 $FeSO_4 \cdot 7H_2O$（三级）磨细，装入玻璃瓶中，存于阴凉处。

（六）参考指标（表 10 - 1）

表 10 - 1 土壤水解性氮等级指标

土壤水解性氮/（mg/kg）	等级
＜25	极低
25～30	低
50～100	中等
100～150	高

（七）思考题

土壤水解性氮包括了哪些形态的氮？用扩散吸收法测定时应注意哪些问题？

二、土壤速效磷含量的测定

了解土壤中速效磷的供应状况，对于施肥有着直接的指导意义。土壤中速效磷的测定方法很多，由于提取剂的不同所得结果也不一样。一般情况下，对于石灰性土壤和中性土壤采用碳酸氢钠提取，酸性土壤采用酸性氟化铵提取。

（一）方法原理

用 0.5 mol/L $NaHCO_3$ 溶液（pH 为 8.5）提取土壤有效磷，提取液中的 HCO_3^- 可使土壤溶液中的 Ca^{2+} 形成 $CaCO_3$ 沉淀，从而降低了 Ca^{2+} 的活度而使某些活性较大的 Ca‑P 被浸提出来。因为提取液 pH 较高，Fe‑P、Al‑P 水解而使其中的磷部分被提取。OH^-、HCO_3^- 的存在也可使一部分吸附态磷释放出来，在浸提液中由于 Ca、Fe、Al 浓度较低，不会产生磷的再沉淀。浸提出的磷在一定酸度条件下，与钼锑试剂络合形成磷钼锑杂多酸，磷钼锑杂多酸在室温条件下可被抗坏血酸迅速还原为蓝色络合物，可进行比色测定，比色波长为 700 nm。

（二）操作步骤

称取通过 1 mm 筛孔的风干土 2.5 g（精确到 0.01 g）于 250 mL 三角瓶中，加 50 mL 0.5 mol/L $NaHCO_3$ 液，再加一角匙无磷活性炭，塞紧瓶塞，在 20～25 ℃下振荡 30 min，取出，用干燥漏斗和无磷滤纸过滤于三角瓶中。吸取滤液 10 mL 于 150 mL 三角瓶中，准确加蒸馏水 35 mL，加钼锑抗试剂 5 mL，摇匀，在室温高于 15 ℃ 的条件下放置 30 min，用 700 nm 波长的光进行比色，以空白溶液的透光率为 100（即光密度为 0），读出测定液的光密度，在标准曲线上查出显色液的磷浓度（mg/L）。

标准曲线制备：吸取含磷（P）5 mg/kg 的标准溶液 0 mL、1 mL、2 mL、3 mL、4 mL、5 mL、6 mL，分别加入 150 mL 三角瓶中，加 0.5 mol/L $NaHCO_3$ 液 10 mL，加水至 35 mL，再加入钼锑抗显色剂 5 mL，摇匀，即得 0 mg/L、0.1 mg/L、0.2 mg/L、0.3 mg/L、0.4 mg/L、0.5 mg/L、0.6 mg/L 磷标准系列溶液，与待测溶液同时比色，读取吸收值，在方格坐标纸上以吸收值为纵坐标，磷 mg/L 数为横坐标，绘制成标准曲线。

（三）结果计算

$$土壤有效磷（P）含量（mg/kg）= \frac{C \times V \times t_s}{m \times 10^3 \times k} \times 1000$$

式中，C——从标准曲线上查得磷的质量浓度，$\mu g/mL$；

V——显色时定容体积，mL；

t_s——分取倍数（即浸提液总体积与显色对吸取浸提液体积之比）；

m——风干土质量，g；

　　k——将风干土换算成烘干土质量的系数；

　　10^3——将 μg 换算成 mg；

　　1000——换算成每 kg 含 P 量。

（四）主要仪器及试剂配制

仪器：往复式振荡机、分光光度计。

试剂：

1. 0.5 mol/L NaHCO₃ 浸提剂 （pH＝8.5）

　　称取 42.0 g NaHCO₃ 溶于 800 mL 水中，稀释至 990 mL，用 4 mol/L NaOH 溶液调节 pH 至 8.5，然后稀释至 1 L，保存于瓶中，如超过一个月，使用前应重新校正 pH 值。

2. 无磷活性炭粉

　　将活性炭粉用 1:1 HCl 溶液浸泡过夜，然后用平板漏斗抽气过滤，用水洗净，直至无 HCl 为止，再加 0.5 mol/L NaHCO₃ 溶液浸泡过夜，在平板漏斗上抽气过滤，用水洗净 NaHCO₃，最后检查至无磷为止，烘干备用。

3. 钼锑抗试剂

　　称取酒石酸锑钾 （KSbOC₄H₄O₆） 0.5 g，溶于 100 mL 水中，制成 5％的溶液。

　　另称取钼酸铵 20 g 溶于 450 mL 水中，徐徐加入 208.3 mL 浓硫酸，边加边搅动，再将 0.5％的酒石酸锑钾溶液 100 mL 加入钼酸铵液中，最后加至 1 L，充分摇匀，贮于棕色瓶中，此为钼锑混合液。

　　临用前（当天）称取 1.5 g 左旋抗坏血酸溶液于 100 mL 钼锑混合液中，混匀，此即钼锑抗试剂（有效期为 24 h，如贮于冰箱中，则有效期较长）。

4. 磷标准溶液

　　称取 0.439 g KH₂PO₄ （105 ℃烘 2 h）溶于 200 mL 水中，加入 5 mL 浓 H₂SO₄，转入 1 L 量瓶中，用水定容，此为 100 mg/kg 磷标准液，可保存较长时间。取此溶液稀释 20 倍即为 5 mg/kg 磷标准液，此液不宜久存。

（五）参考指标 （表 10-2）

表 10-2　土壤速效磷等级指标

土壤速效磷/（mg/kg）	等级
＜10	低
10～20	中
＞20	高

（六）思考题

1. 土壤速效磷的测定原理是什么？

2. 测定土壤速效磷时，哪些因素影响分析结果？

三、土壤速效钾含量的测定（火焰光度法）

（一）方法原理

以醋酸铵为提取剂，铵离子将土壤胶体吸附的钾离子交换出来。提取液用火焰光度计直接测定。

（二）操作步骤

称取通过 1 mm 筛孔的风干土 5 g（精确到 0.01 g）于 100 mL 三角瓶中，加入 50 mL 1 mol/L 中性醋酸铵液，塞紧橡皮塞，振荡 15 min 立即过滤，将滤液同钾标准系列液在火焰光度计上测其钾的光电流强度。

钾标准曲线的绘制：将 500 mg/kg 或 100 mg/kg 钾标准液稀释成 0 mg/kg、1 mg/kg、3 mg/kg、5 mg/kg、10 mg/kg、15 mg/kg、20 mg/kg、30 mg/kg、50 mg/kg 钾系列液（用 1 mol/L 中性醋酸铵液稀释定容，以抵销醋酸铵的干扰），以浓度为横坐标绘制曲线。

（三）结果计算

$$土壤速效钾含量（mg/kg）＝查得的 mg/L 数 \times V/W$$

式中，查得的 mg/L 数——从标准曲线上查出相对应的 mg/L 数；

V——加入浸提剂的毫升数；

W——土样质量，g。

（四）注意事项

加入醋酸铵溶液于土样后，不宜放置过久，否则可能有部分矿物钾转入溶液中，使速效钾量偏高。

（五）主要仪器及试剂配制

仪器：火焰光度计。

试剂：

1. 1 mol/L 中性醋酸铵溶液：称取化学纯醋酸铵 77.09 g，加水溶解定容至 1 L，最后调节 pH 到 7.0。

2. 钾标准溶液：准确称取烘干（105 ℃烘 4～6 h）分析纯 KCl 1.9068 g 溶于水中，定容至 1 L 即含钾为 1000 mg/L，由此溶液稀释成 500 mg/L 或 100 mg/L。

（六）参考指标（表 10-3）

表 10-3　土壤速效钾等级指标

土壤速效钾/（mg/kg）	等级
<30	极低
30～60	低
60～120	中
120～160	高
>160	极高

（七）思考题

1. 用 1 mol/L 醋酸铵浸提剂测出的钾是哪两种形态的钾？

2. 简述火焰光度法测定速效钾的基本原理。

实验十一 土壤障碍因素的测定

在低产土壤中，作物的生长常受到一些土壤障碍因素的影响，轻则减产，重则死苗以至颗粒无收。较为普遍出现的土壤障碍因素有：硫化氢及硫化物、亚铁、亚硝酸盐、缺磷等。

一、土壤中硫化氢及硫化物的测定

（一）原理

利用硫与铅生成黑色硫化铅物质来判断土壤中硫化氢和硫化物的有无或多少。其反应如下：

$$(CH_3COO)_2Pb + H_2S \longrightarrow 2CH_3COOH + PbS\downarrow （黑色）$$

（二）硫化氢的测定

取新鲜土样 1 g（约蚕豆大）于试管中，加蒸馏水 1 mL（20 滴），用玻璃棒搅散。取醋酸铅试纸一小片，用蒸馏水湿润后，覆于试管口，将试管在酒精灯上加热至微沸，取下试纸观察有无颜色变化。

硫化氢含量分组：

无色——无

浅灰色——少量

深灰色——中量

黑色——高量

（三）硫化物的测定

再在上述试管中，滴加 1：3 的 HCl 溶液 4 滴，立即更换一张湿润后的醋酸铅试纸，加热试管，按试纸所表现颜色，将硫化物含量分为四级，标准同上。

在上述测定中，可采取同品种作物的正常苗与受害苗的土壤进行测定，以便对比。

二、土壤中亚铁的测定

(一) 方法原理

亚铁离子和邻菲罗啉作用，生成粉红色的络合阳离子，颜色的深浅可表明亚铁离子浓度的高低。这种方法简单，灵敏度高，在 pH 为 3～9 时颜色不变。

$$3C_{12}H_8N_2+Fe^{2+}\longrightarrow [Fe(C_{12}H_8N_2)_3]^{2+}$$

(二) 测定步骤

称取相当于 2.5 g 干土的新鲜土样于小烧杯中，按 1：20 土水比加浸提剂 50 mL，用玻璃棒搅拌 5 min，干滤纸过滤。取滤液 10 mL 于 50 mL 容量瓶中，加入 10%盐酸羟胺 1 mL，摇匀，放置 5 min，再加 0.1%邻菲罗啉 1.0 mL，显色，加蒸馏水至刻度，半小时后比色测定，用 508 nm 光源或蓝色滤光片。

(三) 结果计算

土壤中亚铁（Fe^{2+}，mg/kg）＝显色液亚铁（mg/kg）×显色液体积×

浸提液总体积/吸取浸提液毫升数/烘干土重

(四) 药品配制

1. 10%盐酸羟胺溶液：称 10 g 盐酸羟胺（化学纯）溶于水中，定容至 100 mL。

2. 0.1%邻菲罗啉溶液：称 0.1 g 邻菲罗啉溶于水中，若不溶可稍加热，定容至 100 mL。

3. 亚铁标准溶液：准确称纯铁丝（先用稀盐酸洗去表面氧化物）或纯铁粉 0.100 g 溶于稀盐酸中，加热，待冷却后，洗入 100 mL 容量瓶中，定容至刻度，即为 100 mg/kg 的亚铁标准溶液，再稀释成 10 mg/kg 亚铁标准液。取此液 0 mL、0.25 mL、0.5 mL、1.25 mL、2.5 mL、3.75 mL 及 5.0 mL 分别置于 50 mL 容量瓶中，同待测液一样显色，定容，即得 Fe^{2+} 浓度分别为 0 mg/kg、0.05 mg/kg、0.1 mg/kg、0.25 mg/kg、0.5 mg/kg、0.75 mg/kg 及 1.0 mg/kg 的标准液，比色，读透光度值，在半对数纸上绘制成标准曲线。或读光密度值，在方格坐标纸上绘制成标准曲线，也可用回归方程计算。

三、土壤中亚硝酸盐的测定

(一) 方法原理

用饱和的石膏溶液提取样品中的亚硝酸。溶液中的亚硝酸，在酸性条件下，便与对氨基苯磺酸作用，然后再与 α-奈胺作用，生成粉红色的偶氮染料。显色的深浅，可反映亚硝酸的多少。

（二）测定步骤

1. 称取待测新鲜土壤 5 g，放入 50 mL 振荡瓶中，加 0.5 g $CaSO_4 \cdot 2H_2O$，再加 250 mL 水，在振荡机上振荡 10 min，稍澄清，过滤。另称一份土壤，测定含水量。

2. 吸取提取液 2 mL，放入 50 mL 量瓶中，加水至 45 mL；加 1 mL 重氮化试剂，摇匀；5 min 后再加偶合试剂，摇匀，定容；放置 20 min 后，进行比色，用 520 nm 波长，或用绿色滤光片。

$$土壤中 NO_2 - N 含量（mg/kg）= 显色液 NO_2 - N（mg/L）\times$$

$$显色液体积（mL）/ 烘干土重（g）$$

$$分取倍数 = 浸提液总体积（mL）/ 吸取提取液体积（mL）$$

（三）药品配置

1. $CaSO_4 \cdot 2H_2O$（化学纯）粉末状。

2. 重氮化试剂：溶解 0.5 g 对氨基苯磺酸于 100 mL 2.4 mol/L 的盐酸溶液中，保存于冰箱内。

3. 偶合试剂：溶解 0.3 g α-奈胺于 100 mL 0.12 mol/L 的盐酸溶液中，保存在冰箱内。

3. 标准亚硝酸溶液：溶解 0.247 g $NaNO_2$ 于水中，稀释至 1 L。每毫升此溶液含亚硝酸 50 μg（即 50 mg/L）。

标准曲线的绘制：吸取亚硝酸标准液 20 mL，稀释至 1 L。此溶液含亚硝酸 1 mg/L，吸取此液 0 mL、1 mL、2 mL、3 mL、4 mL、5 mL、6 mL，分别装入 50 mL 容量瓶中，如上进行显色，测其光密度，绘制标准曲线。

实验十二　土壤硝态氮的测定

（一）测定原理

硝酸根离子在 220 nm 处有强吸收，在 275 nm 处无吸收，而且主要干扰因子和土壤有机质均有吸收。首先测定有机质在这两个吸光度之间的转化系数（即校正因数 f），然后以浸提液在 275 nm 处的吸光度（A_{275}）的 f 倍代替有机质在 220 nm 处的吸光度值，将它从浸提液在 220 nm 处的吸光度（A_{220}）中扣除，即得到硝态氮在 220 nm 处的校正吸光度。因此，这种方法也称紫外分光光度校正因数法。

（二）试剂配制

1. 10 mg/L 硝态氮标准溶液：从购买所得的 1000 mg/L 硝态氮标准溶液中取 1.00 mL 于 100 mL 容量瓶中，定容，摇匀，即为 10 mg/L 硝态氮标准溶液。

2. 2 mol/L KCl 溶液：称取两倍分子量的 KCl（105 ℃烘 2 h），用双蒸馏水（或超纯水）溶解，定容至 1000 mL。

（三）操作步骤

取 5.00 g 土样，加入 50 mL 2 mol/L KCl 溶液，振荡 1 h，悬液静置 3～5 min 后过滤。测定浸提液在 220 nm 和 275 nm 处吸光度 A_{220} 和 A_{275}。按照下式计算校正吸光度 A：

$$A = A_{220} - 2A_{275}$$

（四）标准曲线

分别取 10 mg/L 硝态氮标准溶液 0.0 mL、1.0 mL、2.0 mL、3.0 mL、4.0 mL、5.0 mL、6.0 mL、7.0 mL 于 50 mL 容量瓶中，加入二次重蒸水（或超纯水），定容摇匀，即为 0 mg/L、0.2 mg/L、0.4 mg/L、0.6 mg/L、0.8 mg/L、1.0 mg/L、1.2 mg/L、1.4 mg/L 硝态氮标准溶液。用 1 cm 比色皿分别在 220 nm 和 275 nm 处测定吸光度。用公式 $A = A_{220} - 2A_{275}$ 求得校正吸光度，求此标准曲线方程。

（五）结果计算

$$硝态氮量（mg/kg）=C \times V \times D / m$$

式中，C——从标准曲线上查得的 $NO_3^- - N$；

　　　V——浸提剂体积，50 mL；

　　　D——稀释倍数，无稀释为 1；

　　　m——土壤质量，g。

实验十三　土壤有效硼的测定

（一）方法原理

土样经沸水浸提 5 min，浸出液中的硼用甲亚胺比色法测定。甲亚胺比色法测硼是在弱酸性水溶液中生成黄色配合物（测定浓度范围为 0～10 mg/L，符合朗伯-比尔定律），一般在显色 1 h 后比色，显色稳定时间长达 3 h。此法不受硝酸盐干扰，铁、铝等金属离子的干扰可加 EDTA 和氮基三乙酸配合掩蔽。甲亚胺试剂可用 H 酸和水杨醛合成，亦可直接购买甲亚胺试剂将其加入溶液中进行测定。此法简便，结果稳定，检出限为 0.02 mg/L，并能适用于自动化分析。

（二）仪器及设备

分光光度计，塑料小烧杯，有 10 mL 刻度的试管，石英（或其他无硼玻璃）锥形瓶及小冷凝管。

（三）试剂

1. 甲亚胺溶液：称取 0.9 g 甲亚胺（$C_{17}H_{15}O_9S_2N$）和 2 g 抗坏血酸（$C_6H_8O_6$ 分析纯），加 100 mL 去离子水，微热溶解（分析时当天配用）。若无固体甲亚胺试剂，可分别配制 H 酸溶液及水杨醛溶液使用。

2. H 酸溶液：在室温下溶解 1 g 1-氨基-8 萘酚-3，6-二磺酸氢钠 $[C_{10}H_4NH_2OH(SO_3NH_a)_2]$ 于 100 mL 去离子水中；然后加入 2 g 抗坏血酸，使之完全溶解。若浑浊可过滤后使用。溶液 pH 为 2.5，此液要当天配制。

3. 水杨醛溶液：每 100 mL 80％乙醇中加入水杨醛（$C_7H_6O_2$）0.04 mL。

4. 氯化钙溶液 $[C(CaCl_2) = 0.5 \text{ mol/L}]$：称取 5.55 g 无水氯化钙（$CaCl_2$ 分析纯），加水溶解定容至 100 mL。

5. 缓冲液：取乙酸铵（分析纯）231 g 溶于水中，稀释定容到 1 L，再加入 67 g EDTA 二钠盐，此液 pH 为 6.7。

6. 硼标准溶液：将 0.5716 g 干燥的硼酸（H_3BO_3 优级纯）溶于水中，定容至 1 L，此液为 100 mg/L 硼标准贮存液。将此硼标准贮存液稀释 10 倍，即为 10 mg/L 硼标准溶液。吸取 10 mg/L 硼标准溶液 0 mL、1 mL、2 mL、3 mL、4 mL、5 mL，定容成 50 mL，配成浓度为 0 mg/L、0.2 mg/L、0.4 mg/L、0.6 mg/L、0.8 mg/L、1.0 mg/L 的一组硼标准溶液系列，贮存在塑料瓶中备用。

（四）测定步骤

待测溶液的制备。取 20.00 g 通过 2.0 mm 尼龙筛的风干土样于 250 mL 石英或无硼玻璃锥形瓶中，按土水比 1∶2，加 40 mL 去离子水，连接冷凝管，文火煮沸 5 min（从沸腾时计算，用秒表计时），取下，立即冷却。在煮沸过的土壤溶液中，加入 4 滴氯化钙溶液（试剂④），移入离心管中，离心 5～10 min（4000 r/min），并过滤（用紧密滤纸过滤），将滤液承接于塑料瓶中，供测硼用（最初滤液浑浊时可弃去不要）。

测定：取 1 mL H 酸溶液（试剂②）于 10 mL 干净试管中，加 2 mL 水杨醛溶液（试剂③），摇匀。再加入 3 mL 缓冲液（试剂⑤），立即加 4 mL 待测液，摇匀后放置 1 h，用分光光度计在 420～430 nm 波长处比色，用试剂空白溶液调吸收值到零，测显色液的吸收值。

工作曲线的绘制：取标准系列溶液 0.2 mg/L、0.4 mg/L、0.6 mg/L、0.8 mg/L、1.0 mg/L 各 4 mL 于不同试管中，按上述步骤显色并测试吸收值。以吸收值为纵坐标，以标准系列溶液含量为横坐标，绘制工作曲线。

（五）结果计算

$$\omega\,(B)=p\times V\times t_s/m$$

式中，$\omega\,(B)$ ——土壤有效硼质量分数，mg/kg；

p——从工作曲线上查得硼的浓度，mg/L；

V——吸取浸出液体积，mL；

t_s——分取倍数；

m——土样质量，g。

实验十四　土壤金属元素含量的测定

一、测定仪器

无论是测定土壤有效态金属元素还是全量态金属，对于土样经过处理后的溶液建议使用原子吸收分光光度计、电感耦合等离子发射光谱仪（ICP – OES 或 ICP – MS）。

二、金属元素标准曲线配置

Fe、Mn、Cu、Zn、Cd、Cr、Ni、Pb、Al 这些金属元素均可以通过网购浓度为 1000 μg/mL（即浓度为 1000 mg/L）的标准溶液。

（一）建议需要配置的 Fe、Mn、Al 标准曲线范围为 1～10 mg/L

1. 吸取 5 mL 原标液定容到 50 mL（混合样），$C=1000\times5/50=100$（mg/L）；

2. 从 100 mg/L 溶液中吸取 0.5 mL、1 mL、2 mL、4 mL、5 mL 定容到 50 mL 容量瓶中，即为 1 mg/L、2 mg/L、4 mg/L、8 mg/L、10 mg/L 标准系列溶液。

（二）建议需要配置的 Cu、Zn、Cd、Cr、Ni、Pb 标准曲线范围为 0.1～1 mg/L

1. 吸取 0.5 mL 原标液定容到 50 mL（混合样），$C=1000\times0.5/50=10$（mg/L）；

2. 从 10 mg/L 溶液中吸取 0.5 mL、1 mL、2 mL、4 mL、5 mL 定容到 50 mL 容量瓶中。即为 0.1 mg/L、0.2 mg/L、0.4 mg/L、0.8 mg/L、1.0 mg/L 标准系列溶液。

三、土壤有效态元素含量测定（DTPA 浸提法）

（一）方法原理

用 pH 为 7.3 的 DTPA – CaCl$_2$ – TEA 溶液作为土壤浸提液，浸提后的溶液直接通过原子吸收分光光度计、ICP – OES 或 ICP – MS 进行测定。若测定结果超出标准曲线范围，还需要进行适当的稀释处理后，再通过仪器进行测定。

（二）试剂

DTPA 浸提剂（pH 为 7.3）：其成分为 0.005 mol/L DTPA、0.01 mol/L

$CaCl_2$、0.1 mol/L TEA。

称取 DTPA（二乙三胺五乙酸，优级纯）1.967 g 置于烧杯中溶解后再转入 1 L 容量瓶中，加 TEA（三乙醇胺，优级纯）13.3 mL，加亚沸水或二次去离子水 950 mL，再加 1.47 g 无水氯化钙（$CaCl_2$，优级纯），用盐酸溶液 [c（HCl）= 6 mol/L] 调节 pH 值至 7.3，然后定容至刻度。

（三）操作步骤

称取 10.00 g 通过 2 mm 筛孔（尼龙筛）的风干土样放于 150 mL 聚乙烯塑料瓶中，加入 20.0 mL DTPA 浸提剂，在 25 ℃下，将塑料瓶放于振荡机振荡 2 h，用 0.4 μm 的滤膜过滤。滤液通过原子吸收分光光度计或 ICP 直接进行测定。

（四）结果计算

$$\omega = C \times V / (m \times k)$$

式中，ω——土壤有效金属元素的质量分数，mg/kg；

C——从工作曲线上查得的浓度，mg/L；

V——浸出液体积，mL；

m——土样质量，g；

k——水分系数。

四、土壤全量元素测定（HF-HNO_3-$HClO_4$消解）

（一）方法原理

用 HF-HNO_3-$HClO_4$消煮土壤制备待测液，直接用乙炔-空气火焰的 AAS 或 ICP 直接测定溶液中的金属元素。

（二）试剂

HF，HNO_3，$HClO_4$。

（三）操作步骤

待测液的制备：称取研磨通过 0.149 mm 尼龙筛的均匀土壤试样 0.1000 g 于 30 mL 铂坩埚中（或聚四氟乙烯坩埚），用亚沸水或二次去离子水湿润土壤，然后加入 7 mL HF 溶液和 1 mL 浓 HNO_3 溶液，在电热板上消煮蒸发近干时，取下坩埚。冷却后，沿坩埚壁再加入 5mL HF 溶液，继续消煮近干，取下坩埚。冷却后，加入 2 mL $HClO_4$，继续消煮到不再冒白烟，坩埚内残渣呈均匀的浅色（若呈凹凸状为消煮不完全）。取下坩埚，加入 1∶1 HNO_3 溶液 1 mL，加热溶解残渣，至溶液完全澄清后（若溶液仍然浑浊，说明土壤消煮不完全，需加 HF 继续消煮）转移到 25 mL GG-17 号由玻璃制成的容量瓶中，定容摇匀，立即转移到聚乙烯小瓶中备用。

待测液可直接用原子吸收分光光度计或 ICP 测定。

（四）结果计算

$$\omega = C \times V / (m \times k)$$

式中，ω——土壤全量金属元素的质量分数，mg/kg；

C——从工作曲线上查得的浓度，mg/L；

V——样品溶液的总体积，mL；

m——土样质量，g。

实验十五　植物样品的采集制备和保存

（一）植物组织样品的采集

植物组织样品多用于诊断分析，采集植物组织样品首先要选定植株。样株必须有充分的代表性，通常也像采集土样一样按照一定路线多点采集，组成平均样品。组成每一个平均样品的样株数目视作物种类、种植密度、株型大小、株龄或生育期以及要求的准确度而定。从大田或试验区选择样株要注意群体密度、植株长相、植株长势、生育期的一致，过大或过小、遭受病虫害或机械损伤以及由于边际效应长势过强的植株都不应采用。如果为了某一特定目的，例如缺素诊断而采样时，则应注意植株的典型性，并要同时在附近地块另行选取有对比意义的正常典型植株，使分析的结果能在相互比较的情况下说明问题。

植株选定后还要决定取样的部位和组织器官，重要的原则是所选部位的组织器官要具有最大的指示意义，也就是说，应选植株在该生育期对该养分的丰欠最敏感的组织器官。大田作物在生殖生长开始时期常采取主茎或主枝顶部新成熟的健壮叶或功能叶；幼嫩组织的养分组成变化很快，一般不宜采样。苗期诊断则多采集整个地上部分。大田作物开始结实后，营养体中的养分转化很快，不宜再做"叶分析"，故一般谷类作物在授粉后即不再采诊断用的样品。如果为了研究施肥等措施对产品品质的影响，则当然要在成熟期采取茎秆、籽粒、果实、块茎、块根等样品，果树和林木多年生植物的营养诊断通常采用"叶分析"或不带叶柄的"叶片分析"，个别果树如葡萄、棉花则常做"叶柄分析"。

植物体内各种物质，特别是活动性成分如硝态氮、氨基态氮、还原糖等都处于不断的代谢变化之中，不但在不同生育期的含量有很大的差别，并且在一日之间也有显著的周期性变化。因此在分期采样时，取样时间应规定一致，通常以上午 8：00～10：00 为宜，因为这时植物的生理活动已趋活跃，地下部分的根系吸收速率与地上部正趋于上升的光合作用强度接近动态平衡。此时植物组织中的养料贮量最能反映根系养料吸收与植物同化需要的相对关系，因此最具有营养诊断的意义。诊断作物氮、磷、钾、钙、镁的营养成分状况的采样还应考虑各元素在植物营养中的特殊性。

采得的植株样品如需要分不同器官（如叶片、叶鞘或叶柄、茎、果实等部分）测定，须立即将其剪开，以免养分运转。

（二）植株组织样品的制备与保存

采得的样品一般来说是需要洗涤的，否则可能引起泥土、施肥喷药等显著的污染，这对微量营养元素如铁、锰等的分析尤为重要。洗涤时一般可用湿布仔细擦净表面沾污物。

测定易起变化的成分（如硝态氮、氨基态氮、氰、无机磷、水溶性糖、维生素等）须用新鲜样品，新鲜样品如需短期保存，必须在冰箱中冷藏，以抑制其变化。分析时将洗净的鲜样剪碎混匀后立即称样，放入瓷研钵中与适当溶剂（或再加石英砂）共研磨，进行浸提测定。

测定不易变化的成分则常用干燥样品。洗净的鲜样必须尽快干燥，以减少化学和生物的变化。如果延迟过久，细胞的呼吸和霉菌的分解都会消耗组织的干物质而致各成分的百分含量改变，蛋白质也会裂解成较简单的含氮化合物。杀酶要有足够的高温，但烘干的温度不能太高，以防止组织外部结成干壳而阻碍内部水分的蒸发，而且高温还可能引起组织的热分解或焦化。因此，分析用的植物鲜样要分两步干燥，通常先将鲜样在 $80\sim90$ ℃烘箱（最好用鼓风烘箱）中烘 $15\sim30$ min（对于松软组织烘 15 min，致密坚实的组织烘 30 min），然后，降温至 $60\sim70$ ℃，逐尽水分。时间须视鲜样水分含量而定，为 $12\sim24$ h。

干燥的样品可用研钵或带刀片的（用于茎叶样品）或带齿状的（用于种子样品）磨样机粉碎，并全部过筛。分析样品的细度须视称样的大小而定，通常可用圆孔直径为 1 mm 的筛；如称样仅 $1\sim2$ g 者，宜用 0.5 mm 的筛；称样小于 1 g 者，须用 0.25 mm 或 0.1 mm 筛。磨样和过筛都必须考虑到样品沾污的可能性。样品过筛后须充分混匀，保存于磨口广口瓶中，内外各贴放样品标签。

样品在粉碎和贮存过程中又将吸收一些空气中的水分，所以在精密分析工作中，称样前还须将粉状样品在 65 ℃（$12\sim24$ h）或 90 ℃（2 h）再次烘干，一般常规分析则不必。干燥的磨细样品必须保存在密封的玻璃瓶中，称样时应充分混匀后多点匀取。

（三）植物微量元素分析样品制备与保存

Chapman 的采样技术得到普遍承认，可供参考。植物微量元素分析样品的干燥和粉碎过程中，所用方法与分析常量元素样品相似，特别指出的是防止干燥和粉碎过程中仪器对样品的污染。例如在干燥箱中烘干时，防止金属粉末等的污染，粉碎样品选用的研磨设备，应采用不锈钢工具钢刀和网筛，如要准确分析铁，必须在玛瑙研钵中研磨，研磨分析标本的细度相当重要，至少通过 20 目筛，并充分混合，磨细过的样品，要贮存在密封的容器中，在分析前，样品应在 60~70 ℃下烘干 20 h，然后再进行分析。

实验十六 植物营养诊断

一、植物汁液和浸提液的制备

制取植株汁液的方法有三种：一是用压汁法将组织汁液挤压出来，然后稀释到一定浓度进行测定，这叫压液稀释法；二是用浸提剂浸提，制成速测用的浸提液，这可用热水浸提或冷水浸提；三是直接将汁液挤压在比色盘或试纸上进行速测。

（一）压液稀释法

压出植株汁液需用特别压汁器，现介绍三种供参考。

1. 特制的压汁钳，这种压汁钳适用于玉米、棉花、麦子和汁液较多的作物；不大适用于水稻，使用费力。其不易压出汁液但可将植物样品直接放在钳盘上压汁。

2. 金工用手虎钳压汁，同时要有一个软质塑料管（长 10 cm，宽 25 cm）。将待测的组织清洗后，用滤纸将内外擦干，放入塑料管中对折后再压汁。这种压液器力量较大，同时可防止混入铁锈影响测定。

3. 无压汁钳时可用木凳压汁法代替。取长棒一个，长凳一条，用绳索将棒捆绑在凳上，另取待测植株放于塑料套管内，折叠后，放在木棒之下压汁。此方法取材既方便又省力，适宜于推广使用。

混合植株样品用压汁器进行压汁，将压出汁液稀释 20 倍，即 1 滴汁液加 19 滴水，即成供测氮、磷、钾之用的待测液。

（二）水浸提法

将切碎的作物组织混匀后，称取 0.5 g 放入小三角瓶或大试管中，加蒸馏水 20 mL，塞紧，用力摇 1 min（上下摇动约 200 次）静止片刻，即可吸取上层清液供测定氮、磷、钾之用。如果溶液浑浊，应先过滤再测定。浸提液不宜放置过久，在 2～3 h 内测定完。淀粉、氨基态氮的测定不用上述待测液而应另外制取。

二、试剂配制

（一）氮、磷、钾混合标准液

用分析天平准确称取烘干的分析纯试剂，磷酸二氢钾（KH_2PO_4）0.4393 g、硝酸钾（KNO$_3$）0.7217 g、氯化铵（NH$_4$Cl）0.3820 g、硫酸钾（K$_2$SO$_4$）1.3247 g，放入 100 mL 烧杯中，用少量蒸馏水溶解，无损地移入 1000 mL 容量瓶中，并用蒸馏水多次洗烧杯，洗液均并于容量瓶中，最后加水至刻度，摇匀。此溶液中硝态氮（NO$_3^-$-N）、铵态氮（NH$_4^+$-N）、磷（P）的浓度各为 100 mg/L，钾的浓度为 1000 mg/L，在溶液中加甲苯 5 滴，可保存 3～4 个月。

（二）二级混合标准液

用刻度移液管分别吸取上述贮备液 2 mL 及 16 mL，各移入 100 mL 容量瓶中用蒸馏水稀释至刻度，充分摇匀。由 2 mL 贮备液稀释而成的标准液中，硝态氮、铵态氮、磷的浓度各为 2 mg/L，钾浓度为 20 mg/L。由 16 mL 贮备液稀释而成的标准液中，硝态氮、铵态氮、磷的浓度各为 16 mg/L，钾浓度为 160 mg/L，均不易长期保存，1～2 周后即失效。

（三）硝酸试粉

称取分析纯硫酸钡（105 ℃烘干 4 h，研细、过 60 目筛）100 g，分为 4 份，分别与 10 g 硫酸锰（MnSO$_4$·2H$_2$O）、2 g 锌粉（研细，过 80～100 目筛）、4 g 对氨基苯磺酸和 2 g 四苯胺在研钵中研细混匀，最后加入 75 g 柠檬酸（颗粒大时，需先研细）在研钵中一起研磨、混匀，于棕色瓶中密闭保存，每次用后随即盖严防潮。

（四）50%醋酸

取化学纯冰醋酸，按 1∶1 稀释而成。

（五）2.1%钼酸铵盐酸溶液

称取化学纯钼酸铵 10.5 g，溶于约 100 mL 蒸馏水中，加热（低于 60 ℃）促其溶解，若有浑浊，过滤之，另取浓盐酸 204 mL 加入约 100 mL 蒸馏水中，搅匀，待两液冷却至室温后，将钼酸铵溶液慢慢注入盐酸中，边加边摇匀，贮入棕色试剂瓶中，此溶液盐酸浓度为 4.9 mol/L，每隔 2～3 个月应检查其是否失效。

（六）2%氯化亚锡甘油贮备液

称取氯化亚锡结晶（SnCl$_2$·2H$_2$O）2 g，加浓盐酸 10 mL，充分摇动使其溶解，加化学纯甘油 90 mL，混匀，贮入棕色瓶中，可保存半年以上。使用前取 2%氯化亚锡甘油液 1 滴，加蒸馏水 19 滴，摇匀即成 0.1%氯化亚锡溶液，此溶液只供当天使用，气温高时，仅半日内有效。

（七）3%EDTA 碱性溶液

称取 EDTA 二钠 3 g、氢氧化钠 1 g，溶于 100 mL 蒸馏水中。

（八）37%甲醛

若有沉淀，滤其清液使用，如呈酸性，用稀碱液调节至中性。

（九）2%四苯硼钠溶液

称取 0.5 g 四苯硼钠（采用测血钾专用试剂）溶于 25 mL 蒸馏水中，加 0.2 mol/L氢氧化钠（将 2 g 氢氧化钠溶于 250 mL 蒸馏水中）约 2 滴调节溶液 pH 值至 8～9，放置过夜，然后过滤。

三、植物组织中硝态氮的测定（硝酸试粉比色法）

（一）测定原理

测定硝态氮是利用硝酸试粉和溶液中的硝酸盐起作用，产生粉红色化合物。硝酸试粉是几种试剂配制成的混合粉剂，它们的主要作用是在弱酸性条件下，溶液中硝酸盐在试粉中锌和酸所产生的氢气作用下，先被还原成亚硝酸盐，再与对氨基苯磺酸和甲苯胺作用形成粉红色的偶氮化合物，其反应如下：

$$NO_3^- + Zn + 2H^+ \longrightarrow NO_2^- + Zn^{2+} + H_2O$$

试粉中硫酸锰对还原和呈色反应起催化作用，也可消除溶液中氯离子的干扰。硫酸钡在试粉中起填充作用。

在一定浓度范围内，形成粉红色的深浅与溶液中硝酸盐含量的多少成正相关，将它与标准色阶比较，即可求出硝态氮的含量。

（二）测定步骤

制备标准色阶和供试液中硝态氮含量的测定，可同时在白瓷比色盘中，按表 16－1 顺序进行。表格里的双线上部为制备比色用标准溶液，双线的右上部为待测试液。只有在标准溶液和待测试液都按要求依次准备好之后，才能同时按双线以下各操作步骤顺序进行操作。

表 16－1　硝态氮测定步骤

操作步骤			用量单位	标准色阶浓度/（mg/L）						供试液用量/滴
				0.5	1	2	4	8	12	
1. 制备显色液标准系列	取混合标准液浓度	2 mg/L	滴	1	2	4	0	0	0	4
		16 mg/L	滴	0	0	0	1	2	3	
	加蒸馏水		滴	3	2	0	3	2	1	
2. 加 50%醋酸			滴	1	1	1	1	1	1	1
3. 加硝酸试粉			耳勺	1	1	1	1	1	1	1
4. 搅匀				由低至高浓度逐穴搅匀						
5. 比色读数				3～15 min 内与标准色阶比较记下读数						
6. 结算结果				硝态氮（mg/L）＝读数值×稀释倍数						

（三）注意事项

1. 加入醋酸的作用是使显色稳定。据试验得到，在硝态氮含量高的溶液中，醋酸浓度达 7% 以上呈色才稳定。

2. 对于硝酸试粉用量各穴尽量一致，每一耳勺相当于 15 mg。

3. 比色读数时，若试液颜色强度介于标准色阶的两个等级之间，可估计其中间数值为读数值；若试液显色超过最高一级标准色阶，应另取试液稀释后重新测定。但在计算结果时，根据读数值，除了乘原来制备供试液时的稀释倍数外，必须再乘以第二次的稀释倍数。

四、植物组织中磷的测定（磷钼蓝比色法）

（一）测定原理

在一定的酸度和钼酸铵浓度下，溶液中的磷与钼酸铵作用生成黄色的磷钼酸，其反应如下：

$$(NH_4)_2MoO_4 + 2HCl \longrightarrow H_2MoO_4 + 2NH_4Cl$$

$$H_3PO_4 + 12H_2MoO_4 \longrightarrow H_3[P(Mo_3O_{10})_4] + 12H_2O$$

生成的磷钼酸，在一定量的氯化亚锡作用下，部分钼（六价钼）被还原，形成蓝色的复杂化合物——磷钼蓝。在一定含磷浓度范围内，溶液蓝色的深浅与磷含量成正比。根据蓝色的深浅与标准色阶相比较，即可求出磷的含量。

（二）测定步骤

制备标准色阶和供试液中磷含量的测定，可同时在比色盘中，按表 16-2 顺序进行。

表 16-2 磷测定步骤

操作步骤		用量单位	标准色阶浓度/（mg/L）						供试液用量/滴
			0.5	1	2	4	8	12	
制备显色用标准系列	取混合标准液浓度 2 mg/L	滴	1	2	4	0	0	0	4
	16 mg/L	滴	0	0	0	1	2	3	
		滴	3	2	0	3	2	1	
1. 加 2.1% 钼酸铵盐酸液		滴	1	1	1	1	1	1	1
2. 搅匀			由低至高浓度逐穴搅匀						
3. 加 0.1% 氯化亚锡溶液		滴	1	1	1	1	1	1	1
4. 搅匀			由低至高浓度逐穴搅匀						
5. 比色读数			5~15 min 内与标准色阶比较记下读数						
6. 计算结果			无机磷（mg/L）＝读数×稀释倍数						

（三）注意事项

0.1%氯化亚锡在临用前出 2%氯化亚锡甘油贮备液稀释制备，当天有效，每次少配。

五、植物组织中钾的测定（四苯硼钠比浊法）

（一）测定原理

溶液中的钾离子与四苯硼钠 $Na[B(C_6H_5)_4]$ 作用，生成难溶的四苯硼钾白色沉淀，使溶液呈现浑浊，其反应如下：

$$K^+ + Na[B(C_6H_5)_4] \longrightarrow K[B(C_6H_5)_4] \downarrow + Na^+$$

在一定钾浓度范围内，其浑浊度与钾含量成正比，根据浑浊程度与标准钾的浊度相比较，即可求出钾的含量。

（二）测定步骤

制备标准比浊系列与供试液中钾的测定，可同时在小试管（19×70 mm）中，按表 16 - 3 顺序进行。

表 16 - 3　有效钾测定步骤

操作步骤			用量单位	标准浊度系列浓度/（mg/L）						供试液用量/滴
				5	10	20	40	60	80	
1. 制备比浊用标准系列	取混合标准液浓度	20 mg/L	滴	2	4	8	0	0	0	4
		160 mg/L	滴	0	0	0	2	3	4	
	加蒸馏水		滴	6	4	0	6	5	4	
2. 加 3%EDTA 碱性溶液			滴	1	1	1	1	1	1	1
3. 加 37%甲醛			滴	1	1	1	1	1	1	1
4. 搅匀			逐管搅匀							
5. 加 2%四苯硼钠溶液			滴	2	2	2	2	2	2	2
6. 搅匀			逐管搅匀							
7. 比浊读数			5～15 min 内与标准浊度系列比浊							
8. 计算结果			有效钾（mg/L）＝读数值×稀释倍数							

（三）注意事项

1. 试液中产生干扰作用的离子，主要有铵离子及其他一些三价、二价金属离子（如钙、镁、铁、铝等），须加入 EDTA 二钠盐及甲醛来掩蔽，以消除干扰。EDTA 二钠盐即乙二胺四乙酸二钠盐能与二价、三价金属离子结合为无色络合物，甲醛与铵离子作用，能形成无色的六次甲基四胺，其反应如下：

$$4NH_4^+ + 6HCHO \longrightarrow (CH_2)_6N_4 + 6H_2O + 4H^+$$

铵离子含量高时，在碱性条件下，甲醛才能有更好的掩蔽效果。

2. 比浊读数可参考硝态氮测定中的注意事项。

实验十七　植物水分的测定

测定植物样品水分的目的有二。一是为了了解植物的实际含水情况，因为：①植物水分和干物质（水分以外的物质）的含量是植物生理状态和成熟度的重要指标；②在研究作物施肥效应和光合利用率等问题时经常要测定植物干物质积累的情况；③种子、水果、蔬菜、饲料等的水分含量是检定品质和判断是否适于储藏的重要标准。二是为了要以全干样品为基础来计算各成分的百分含量，因为新鲜样品的含水量变化很大，风干样品的含水量也随空气的湿度和温度而改变，如果用鲜样或风干样为基础来计算各成分的百分含量，数值也就会随样品含水量的改变而变动，只有用全干样品为基础，各成分含量的数值才能保持不变。

一、风干植物样品水分的测定

（一）方法原理

风干的植物组织样品或种子样品的水分常用 $100\sim105\ ℃$ 烘干法测定。烘干时样品的失重被认为是水分重，所以这是一种间接测定水分的方法。样品在高温烘烤时可能有部分易焦化、分解或挥发的成分损失致使水分测定的正误差产生，也可能因水分未完全逐尽（或在冷却、称量时吸湿）或有部分油脂等被氧化增重而造成误差。但在严格控制操作的情况下，对大多数样品来说，烘干法仍然是测定水分的较准确的标准方法。

（二）操作步骤

取洁净铝盒，放入 $100\sim105\ ℃$ 烘箱中烘 30 min。取出，盖好，移入干燥器中冷至室温（约 20 min），称重。再烘 30 min，称重，两次称重差不超过 1 mg 就算已达恒重。将粉碎、混匀的风干植物样品 3.000 g 平铺在铝盒中，称量后将盖子放在盒底下，放在已预热至约 115 ℃ 的烘箱中，关门，调整温度在 $100\sim105\ ℃$，烘烤 $4\sim5$ h，取出，盖好，移入干燥器中冷却至室温后称量，再同法烘烤约 2 h，再称重。此时可先将砝码放好，因为重量之差一般只有几毫克。如此继续烘称，直到前后两次重量之差不超过 2 mg 为止。如果后一次重量大于前一次，则以前一次重量为准。

（三）结果计算

水分含量（风干基,%）＝样品烘烤前后重量之差/风干样品重量×100

干物质含量（风干基,%）＝样品烘烤后的重量/风干样品重量×100

应该指出，在植物和肥料分析中，水分含量的计算习惯上都是以分析样品（风干或鲜湿的样品）为基础的。这种表达方式较易为群众理解和接受。例如，某一种水含量（鲜湿基）为85%的新鲜植物样品，如以干样计算，它的水分含量将为85/15＝566%，前者很易理解，后者则颇费解。

二、新鲜植物样品水分的测定

(一) 方法原理

新鲜植物样品不宜直接在100℃条件下烘烤，因为高温时外部组织可能形成干壳，反而阻碍内部组织中水分的逸出，因此须在较低温度下初步烘干，再升温至100～105℃烘干。此法只适于热稳定性高的不含易热解和易挥发成分的样品；如果是幼嫩植物组织和含糖、干性油或挥发性油的样品，都不宜用此法。

(二) 操作步骤

取一个小烧杯，放入约5.000 g干净的纯砂和一支玻璃棒（注释1），放入100～105℃烘箱中至恒重。向杯中加入剪碎、混匀的多汁新鲜样品约5 g（注释2），与砂搅匀后称重，将杯和内容物先在50～60℃条件下（不鼓风）烘约3～4 h，冷却，称重，再同法烘约2 h，再称重量，至恒重为止。

(三) 结果计算

水分含量（鲜湿基,%）＝称样前后重量之差/新鲜样品重量×100

干物质含量（鲜湿基,%）＝称样烘烤后的重量/新鲜样品重量×100

(四) 注释

1. 水分不很多的松散的新鲜样品可以不加砂和玻璃棒，或改用铝盒称样。
2. 粗粒的鲜样应多称些，以提高称样的代表性。

实验十八　植物粗灰分的测定

植物有机体灼烧的残余物称为"粗灰分"。植物体的灰分含量并不高（占干物质的 2%～7%，平均 5% 左右），但对植物的生长发育有很重要的意义。植物干物质中灰分的含量随植物种类、品种、不同器官和部位、生育期以及土壤、气候、施肥和其他农业技术措施等因素而变动。一般地说，叶部含灰分最高，特别是在幼苗期，茎秆次之，种子中更少。不同植物和器官中灰分组成也各有其特征，例如一般茎叶的灰分中以钾、钙较多，谷类和玉米种子的灰分以磷、钾占多数，豆类种子则以钙为较多，有趣的是茎叶中的钙常高于镁，种子中则常为镁高于钙。

测定植株各部分灰分含量可以了解各种作物在不同生育期和不同器官中灰分的含量及其变动情况，也可以查明施肥、土壤、气候等因素对灰分含量变化的影响。农产品及其加工品的粗灰分含量也是品质鉴定的项目之一。

样品在适当条件下灼烧灰化后，除了测定粗灰分以外，必要时还可以在其中测定各组成——灰分元素，如磷、钾、钙、镁和多种微量元素。

（一）方法原理

粗灰分常用简单、快速、节约的干灰化法测定，即将样品小心地加热碳化和灼烧，除尽有机质，称量残留的矿物质，即可计算粗灰分百分含量。这些矿物质主要是各种金属元素的碳酸盐、硫酸盐、磷酸盐、硅酸盐、氯化物等。由于燃烧时生成的碳粒不易被完全烧尽，样品上黏附的少量尘土也不易完全洗净，而且植物样品灼烧后灰分的组成已改变（如碳酸盐增加，氯化物和硝酸盐损失，有机磷、硫转变为磷酸盐和硫酸盐，重量都有变化），这样测得的灰分称为"粗灰分"。

灼烧时的温度必须控制在 525 ℃ 左右（500～550 ℃，坩埚呈暗红色），不可过高或操之过急，否则会引起部分钾、钠的氯化物挥发损失（磷酸盐在 600 ℃ 以下不致挥发，太高时也会损失）；而且钾、钠的磷酸盐和硅酸盐类也会熔融而把磷粒包藏起来，不易烧尽。加热的速度也不可太快，以防急剧干馏时灼热物的局部产生大量气体而致微粒飞失——爆热；而且在高温时磷、硫等也可能被碳粒还原为氢化物而逸失。对于含磷、硫、氯等酸性元素较多的样品，如种子类及其加工品，为了防止高温时这些元素的逸失，须在样品中加入一定量的镁盐或钙盐等补充足够量的碱性金属，使酸性元素形成高熔点的盐类而固定起来，再行灰化。这时当然要做空白测定，校正加入金属盐的量。也有人建议在样品中加2 mL纯橄榄油，焦化，525 ℃灼烧45 min，可得近于白色的粗灰分；也可以在灼烧过程中加几滴蒸馏水或浓硝酸等，加速灰化过程。

应该指出，一些灰分元素在干灰化过程中形成难溶的复杂硅酸盐，即使使用盐酸长时间消煮也不溶解，如锰、铜、锌等含有其总量的1/4以上形成这类难溶物。这对灰分的测定虽无影响，但对个别微量元素的测定必将产生严重误差。因此，用干灰化法制备个别微量元素待测液的操作细节与本书粗灰分测定都不尽相同；或者可改用湿灰化法制备灰分的待测液。

（二）操作步骤

将标有号码的瓷坩埚在高温电炉上灼烧15～30 min，移至炉门口稍冷，放入干燥器内冷却至室温（20～30 min），称重。必要时再次灼烧、冷却、称重，至恒重为止。在已知重量的坩埚中准确称取磨细、烘干、混匀的样品2～3 g（称准到0.01 g），放在电炉上缓缓加热炭化，烧至无烟时，移放在已烧到暗红色的高温电炉门口处，片刻后再放进炉内深处，关闭炉门，加热至约525 ℃（暗红色），在此温度下烧至灰分近于白色为止，大约需1 h（45～120 min，视样品种类和称样大小等而异）。将坩埚移放在炉门口稍冷，再放入干燥器中至室温，立即称重。必要时再次灼烧，至恒重为止。计算粗灰分百分含量（干基）。粗灰分多为灰白色。如现红棕色，表示含铁较多；如带绿色，表示含锰较多。如果黑色碳粒较多，可在冷却后加水湿润，使包被的盐膜溶解，碳粒暴露，再在水浴上蒸干，同上灼烧、称重。

实验十九　植物常量元素的分析

在植物必需的常量元素中，氮、磷、钾、钙和镁是土壤农化分析的常规分析项目，尤其以三要素的测定更为经常和重要。不论在诊断作物氮、磷、钾的营养水平和土壤供应各元素的丰缺情况时，或者在确定作物从土壤摄取各元素的数量和施肥效应时，都经常要测定植物全株或某些部位器官中有关元素的含量。在收获物品质检定工作中，这 5 种元素的测定也有重要意义，例如食品和饲料中蛋白质的测定实际上就是有机氮的测定，而磷、钾、钙等则是营养价值最高的灰分元素。

在作物化学诊断分析工作中，关于各类作物在不同生育期（特别是生长发育的关键时期）和不同部位器官（特别是敏感部位器官）中氮、磷、钾临界浓度（或果树诊断的标准值）的拟订很重要，它是解释分析结果和提出增产措施建议所必需的资料。这方面的数据国内国外都有许多报道，并有专著问世。但必须注意，各资料中报道的指标都是仅指某一个采样期和某一个特定部位器官而言的；诊断工作很复杂，植株内各营养元素彼此之间又有协助作用和拮抗作用，某元素含量的高低会影响到另一个元素的指标或临界值。

一、植物全氮、磷、钾的测定

植物中氮、磷、钾的测定包括待测液的制备和氮、磷、钾的定量两大步骤。植物全氮待测液的制备通常用开氏消煮法（参考有机肥料全氮的测定）。植物全磷、全钾可用干灰化或其他湿灰化法制备待测液。本书介绍 $H_2SO_4 - H_2O_2$ 消煮法，可用同一份消煮液分别测定氮、磷、钾以及其他元素（如钙、镁、铁、锰等）。

（一）植物样品的消煮（$H_2SO_4 - H_2O_2$ 法）

1. 方法原理

植物中的氮、磷大多数以有机态存在，钾以离子态存在。样品经浓 H_2SO_4 和氧化剂 H_2O_2 消煮，有机物被氧化分解，有机氮和磷转化成铵盐和磷酸盐，钾也全部释出。消煮液经定容后，可用于氮、磷、钾[1]等元素的定量。

本法采用 H_2O_2 加速消煮剂，不仅操作步骤简单快速，对氮、磷、钾的定量没有干扰，还具有能满足一般生产和科研工作所要求的准确度，但要注意遵照操作规程的要求操作，防止有机氮被氧化成 N_2 或氮的氧化物而损失。

2. 试剂

(1) 硫酸（化学纯、比重 1.84）；

(2) 30% H_2O_2（分析纯）。

3. 操作步骤

(1) 常规消煮法。称取植物样品（粒径为 0.5 mm）0.3～0.5 g（精确至 0.0002 g）装入 100mL 开氏瓶的底部，加浓硫酸 5 mL，摇匀（最好放置过夜）；在电炉上先小火加热，待 H_2SO_4 发白烟后再提高温度，当溶液呈均匀的棕黑色时取下；稍冷后加 6 滴 $H_2O_2^{(2)}$，再加热至微沸，消煮 7～10 min，稍冷后重复加 H_2O_2 再消煮，如此重复数次，每次添加的 H_2O_2 应逐次减少；消煮至溶液呈无色或清亮后，再加热约 10 min，除去剩余的 H_2O_2，取下冷却后，用水将消煮液无损转移入 100 mL 容量瓶中，冷却至室温后定容（V_1）。用无磷、钾的干燥滤纸过滤，或放置澄清后吸取清液测定氮、磷、钾。

每批消煮的同时，进行空白试验，以校正试剂和方法的误差。

(2) 快速消煮法。称取植物样品（粒径为 0.5 mm）0.3～0.5 g（精确至 0.0002 g），放入 100 mL 开氏瓶中，加 1 mL 水润湿，加入 4 mL 浓 H_2SO_4 摇匀，分两次各加入 H_2O_2 2 mL，每次加入后均摇匀，待激烈反应结束后，置于电炉上加热消煮，使固体物消失成为溶液；待 H_2SO_4 发白烟、溶液成褐色时，停止加热，此过程约需 10 min。待冷却至瓶壁不烫手，加入 H_2O 22 mL，继续加热消煮 5～10 min，冷却，再加入 H_2O_2 消煮，如此反复一直至溶液呈无色或清亮后（一般情况下，加 H_2O_2 总量为 8～10 mL）再继续加热 5～10 min，以除尽剩余的 H_2O_2。取下冷却后用水将消煮液定量地转移入 100 mL 容量瓶中，定容（V_1）。

同时做空白试验，校正试剂和方法误差。

4. 注释

(1) 植物体内的钾以离子态存在于细胞液或与有机成分呈现松散结合态。因此，若只测定钾时，可采用简易的浸提法制备待测液。浸提剂可用 0.5 mol/L HCl 或 2 mol/L NH_4AC - 0.2 mol/L Mg $(OAC)_2$ 溶液，也可用热水。

(2) 所用的 H_2O_2 应不含氮和磷。H_2O_2 在保存中可能自动分解，加热和光照能促其分解，故应保存于阴凉处。在 H_2O_2 中加少量 H_2SO_4 酸化，可阻止 H_2O_2 分解。

(二) 植物全氮的测定（半微量蒸馏法和扩散法）

1. 方法原理

植物样品经开氏消煮、定容后，吸取部分消煮液碱化，使铵盐转变成氨，经蒸馏和扩散，用 H_3BO_3 吸收，直接用标准酸滴定，以甲基红-溴甲酚绿混合指示剂指示终点。

2. 试剂

(1) 40% （m/V） NaOH 溶液；

(2) 2% H_3BO_3-指示剂溶液；

(3) 取标准溶液 ［C （HCl 或 $1/2H_2SO_4$） $=0.01$ mol/L］；

(4) 碱性溶液。

以上试剂配制见有机肥全氮测定。

3. 操作步骤

(1) 蒸馏法。吸取定容后的消煮液 5.00～10.00 mL （V_2，含 NH_4^+ - N 约 1 mL），注入半微量蒸馏器的内室，另取 150 mL 三角瓶，加入 5 mL 2% H_3BO_3-指示剂溶液，放在冷凝管下端，管口置于 H_3BO_3 液面以下，然后向蒸馏器内室慢慢加入约 3 mL 40% （m/V） NaOH 溶液，通入蒸汽蒸馏 （注意开放冷凝水，勿使馏出液的温度超过 40 ℃），待馏出液体积达 50～60 mL 时，停止蒸馏，用少量已调节至 pH 为 4.5 的水冲洗冷凝管末端。用酸标准溶液滴定馏出液至由蓝绿色突变为紫红色 （终点的颜色应和空白测定的终点相同）。用酸标准溶液同时进行空白液的蒸馏测定，以校正试剂和滴定误差。

(2) 扩散法。吸取定容后的消煮液 200～500 mL （V_2，含 NH_4^+ - N 0.05～0.5 mg） 于 10 cm 的扩散皿外室。内室加入 2% H_3BO_3-指示剂溶液 3 mL，参照土壤碱解氮测定的操作步骤进行扩散和滴定，但中和 H_2SO_4 需用 40% NaOH 溶液 2 mL，扩散可在室温下进行，不必恒温，室温在 20 ℃ 以上时，放置约 24 h，低于 20 ℃ 时，须放置较长时间。在扩散期间，可将扩散皿内容物小心转动混匀 2～3 次，加速扩散，可缩短扩散时间。在测定样品的同时，须在同一条件下做空白试验。

4. 结果计算

$$全 N 含量（\%）=C\times（V-V_0）\times0.041\times100/（m\times V_2/V_1）$$

式中，C——酸标准溶液浓度，mol/L；

V——滴定试样所用的酸标准液，mL；

V_0——滴定空白所用的酸标准液，mL；

0.041——N 的毫摩尔质量，g/mmol；

m——称样量，g；

V_1——消煮液定容体积，mL；

V_2——吸取测定的消煮液体积，mL。

（三）植物全磷的测定（钒钼黄吸光光度法）

1. 方法原理

植物样品经浓 H_2SO_4 消煮使各种形态的磷转变成磷酸盐。待测液中的正磷酸与偏钒酸和钼酸能生成黄色的三元杂多酸，其吸光度与磷浓度成正比，可在波长 $400\sim490$ nm 处用吸光光度法测定磷。磷浓度较高时选用较长的波长，较低时选用较短的波长[1]。此法的优点是操作简便，可在室温下显色，黄色稳定[2]。在 HNO_3、HCl、$HClO_4$ 和 H_2SO_4 等介质中都适用，对酸度和显色剂浓度的要求也不十分严格[3]，干扰物少[4]。在可见光范围内灵敏度较低，适测范围广（为 $1\sim20$ mg/L，P），故广泛应用于含磷较多而且变幅较大的植物和肥料样品中磷的测定。

2. 试剂

（1）钒钼酸铵溶液。将 25.0 g 钼酸铵 $[(NH_4)_6Mo_7O_{24} \cdot 4H_2O$，分析纯] 溶于 400 mL 水中，另将 1.25 g 偏钒酸铵（NH_4VO_3，分析纯）溶于 300 mL 沸水中，冷却后加入 250 mL 浓 HNO_3（分析纯）中。将钼酸铵溶液缓缓注入钒酸铵溶液中，不断搅匀，最后加水稀释到 1 L，贮入棕色瓶中。

（2）6 mol/L NaOH 溶液。将 24 g NaOH 溶于 100 mL 水。

（3）0.2% 二硝基酚指示剂。称取 0.2 g 2，6-二硝基酚或 2，4-二硝基酚溶于 100 mL 水中。

（4）磷标准液 $[C(P)=50$ mg/L$]$。将 0.2195 g 干燥的 KH_2PO_4（分析纯）溶于水，加入 5 mL 浓硫酸，于 1 L 容量瓶中定容。

3. 操作步骤

吸取定容、过滤或澄清后的消煮液 10.00 mL（V_2，含磷 $0.05\sim0.75$mg）放入 50 mL 容量瓶中，加 2 滴二硝基酚指示剂，滴加 6 mol/L NaOH 中和至刚呈黄色，加入 10.00 mL 钒钼酸铵试剂，用水定容（V_3）。15 min 后用 1 cm 光径的比色杯在波长 440 nm 处进行测定，以空白溶液（空白试验消煮液按上述步骤显色）调节仪器零点。

标准曲线或直线回归方程。准确吸取 50 mg/L P 标准液 0 mL、1 mL、2.5 mL、5 mL、7.5 mL、10 mL、15 mL 分别放入 50 mL 容量瓶中，按上述步骤显色，即得 0 mg/L、1.0 mg/L、2.5 mg/L、5.0 mg/L、7.5 mg/L、10 mg/L、15 mg/L P 的标准系列溶液，与待测液一起测定，读取吸光度，然后绘制标准曲线或求直线回归方程。

4. 结果计算

$$全 P 含量（\%）=C(P) \times (V_1/m) \times (V_3/V_2) \times 10^{-4}$$

式中，$C(P)$——从校准曲线或回归方程求得的显色液中磷浓度，mg/L；

V_3——显色液体积，mL；

V_2——吸取测定的消煮液体积，mL；

V_1——消煮液定容体积，mL；

m——称样量，g；

10^{-4}——将 mg/L 浓度单位换算为百分含量的换算因数。

5. 注释

（1）显色液中 C（P）$=1\sim5$ mg/L 时，测定波长用 420 nm；C（P）$=5\sim20$ mg/L时，用 490 nm。待测液中 Fe^{3+} 浓度高的选用 450 nm，以消除 Fe^{3+} 干扰。校准曲线也应用同样波长测定绘制。

（2）一般室温下，温度对显色影响不大，但室温太低（如小于 15 ℃）时，需显色 30 min，稳定时间可达 24 h。

（3）如试液为 HCl、$HClO_4$ 介质，显色剂应用 HCl 配制；试液为 H_2SO_4 介质，显色剂也用 H_2SO_4 配制。显色液酸的适宜浓度范围为 $0.2\sim1.6$ mol/L，最好是 $0.5\sim1.0$ mol/L，酸度高时显色慢且不完全，甚至不显色；低于 0.2 mol/L 时，易产生沉淀物，干扰测定。钼酸盐在显色液中的终浓度适宜范围为 $1.6\times10^{-3}\sim1\times10^{-2}$ mol/L，钡酸盐为 $8\times10^{-5}\sim2.2\times10^{-3}$ mol/L。

（4）此法干扰离子少，干扰离子是 Fe^{3+}，当显色液中 Fe^{3+} 浓度超过 0.1% 时，它的黄色有干扰，可用扣除空白法消除。

（四）植物全钾的测定（火焰光度法）

1. 方法原理

植物样品经消煮或浸提，并经稀释后，待测液中的钾可用火焰光度法测定。

2. 试剂

（1）K 标准溶液 ［C（K）$=100$ mg/L］ 0.1907 g KCl（分析纯，在 $105\sim110$ ℃干燥 2 h），溶于水，于 1 L 容量瓶中定容，存于塑料瓶中。

3. 操作步骤

吸取定容后的消煮液 $5.00\sim10.00$ mL（V_2）放入 50 mL 容量瓶中，用水定容（V_3）。直接在火焰光度计上测定，读取检流计读数。

标准曲线或直线回归方程。准确吸取 100 mg/L K 标准溶液 0 mL、0.5 mL、1.0 mL、2.5 mL、5.0 mL、10 mL、20 mL，分别放入 50 mL 容量瓶中，加入定容后的空白消煮液 5 mL 或 10 mL（使标准溶液中的离子成分和待测液相近），加水定容，即得 0 mg/L、1 mg/L、2 mg/L、5 mg/L、10 mg/L、20 mg/L、40 mg/L K 的标准系列溶液。以浓度最高的标准溶液定火焰光度计检流计的满度（一般只定到 90），然后从稀到浓依次进行测定，记录检流计读数，以检流计读数为纵坐标绘制标准曲线或求直线回归方程。

4. 结果计算

$$全 K 含量（\%）= C（K）× （V_3/m）× （V_1/V_2）×10^{-4}$$

式中，C（K）——从标准曲线上或回归方程中求得的测读液中 K 的浓度，mg/L；

    V_1——消煮液定容体积，mL；

    V_2——消煮液的吸取体积，mL；

    V_3——测读数定容体积，mL；

    m——称样量，g；

    10^{-4}——将 mg/L 浓度单位换算为百分含量的换算因数。

二、植物全钙、镁的测定

（一）方法原理

植物样品经干灰化后，用稀盐酸煮沸，溶解灰分中的钙和镁。待测液中的 Ca^{2+} 和 Mg^{2+} 用 EDTA 直接滴定法，方法要点参见土壤 Ca^{2+}、Mg^{2+} 测定，对于含磷较高的植物样品（如种子）则须采用 EDTA 返滴定法，以免在碱性溶液中生成磷酸钙而造成误差。

（二）主要仪器

高温电炉，瓷坩埚（30 mL），半微量滴定管。

（三）试剂

除需用 1∶1 氨水、4 mol/L NaOH、1∶1 三乙醇胺水溶液和 0.1% 溴甲酚绿指示剂以外，还需配制下列试剂。

（1）KB 指示剂：先取 50 g K_2SO_4（无水）研细，再分别取 0.5 g 酸性铬黑 K ［2－（2-羟基-5-磺酸钠-偶氮苯)－1，8 二羟基-3，6 二磺酸钠盐，和 1 g 萘酚绿 B 研细，将三者混合均匀，贮于棕色瓶或塑料瓶中，不用时放在干燥器中保存。

（2）0.01 mol/L EDTA 标准溶液：取 3.720 g EDTA 二钠盐溶于无 CO_2 的蒸馏水中，微热溶解，冷却定容至 1000 mL。用标准 Ca^{2+} 溶液标定，方法同滴定 Ca^{2+}。此液贮于塑料瓶中备用。

（3）0.01 mol/L Ca^{2+} 标准液：准确称取在 105 ℃下烘 4～6 h 的分析纯 $CaCO_3$ 0.5004 g 溶于 25 mL 0.5 mol/L HCl 中，煮沸除去 CO_2，用无 CO_2 蒸馏水洗入 500 mL 容量瓶中并稀释到刻度。

（四）操作步骤与结果计算

准确称取烘干、磨细、混匀的植物样品 2.0000 g，放在瓷坩埚中进行灰化。冷却后用少量水湿润灰分，然后滴加 1.2 mol/L HCl，慎防灰分飞溅损失。作用缓和后添加 1.2 mol/L HCl 共约 20 mL 加热到沸腾，溶解残渣。趁热用无灰滤纸过滤，将滤液盛于 100 mL 容量瓶中；用热水洗涤瓷坩埚和残渣，冷却后用水定容，即得 HCl 浓度约为 0.24 mol/L 的待测液。

1. 直接滴定法（适用于一般茎叶样品）

Ca 的测定即吸取上述待测液 10 mL（取用量视 Ca、Mg 含量而定，含 Ca 1～5 mg）放入 150 mL 三角瓶中，用水稀释至约 50 mL，加入 1∶1 三乙醇胺 2 mL，摇匀，再加 4 mol/L NaOH 2 mL，摇匀，放置 2 min，Mg(OH)$_2$ 沉淀后立即加入 KB 指示剂 0.1～0.2 g，用 0.01 mol/L EDTA 标准溶液滴定至紫红色突变为蓝绿色。记录所用 EDTA 的毫升数 V_1，其摩尔浓度为 M。

Ca＋Mg 总量的测定：另吸取 10 mL 待测液稀释至约 50 mL，加 1∶1 三乙醇胺 2 mL，摇匀，再加氨缓冲溶液 5 mL，摇匀，加 KB 指示剂 0.1～0.2 g，摇匀后用 0.01 mol/L EDTA 标准溶液滴定。记录所用毫升数 V_2。

结果计算：

全 Ca 含量（%）＝$M×V_1×0.04008×$分取倍数/样品称重（g）$×100%$

全 Mg 含量（%）＝$M×(V_2－V_1)×0.02431×$分取倍数/样品称重（g）$×100%$

式中，M——EDTA 溶液摩尔浓度；

V_1——EDTA 溶液滴定 Ca 时消耗的体积，mL；

V_2——EDTA 溶液滴定 Ca＋Mg 时消耗体积，mL；

分取倍数——本操作步骤中是 100/10＝10。

2. 反滴定法（适用于一般种子样品）

Ca 的测定：吸取待测液 10.00 mL（含 Ca 1～5 mg）于 150 mL 三角瓶中，用水稀释至 50 mL，加入 1∶1 三乙醇胺 5 mL 摇匀，放置 2～3 min，然后加入 2 mol/L NaOH 4 mL（调到 pH 为 11.5）摇匀，放置 1～2 min，立即加入 KB 指示剂约 0.1 g，摇匀后加入过量的 EDTA 标准液 10 mL，此时溶液应呈蓝绿色；然后用 0.01 mol/L Ca 标准液反滴定过剩的 EDTA，终点为由蓝绿色突变为紫红色。记录所用 Ca 标准溶液的毫升数为 V_1，其摩尔浓度为 M。同时做 Ca 的空白测定：吸取 10 mL 空白溶液（即 0.24 mol/L HCl），同上稀释，加三乙醇胺、NaOH 指示剂和 10 mL EDTA 溶液，用 0.01 mol/L Ca 标准溶液滴定。记录所用 Ca 标准溶液的毫升数为 V_0。

Ca＋Mg 总量的测定：吸取待测液 10.00 mL 于 150 mL 三角瓶中，用水稀释至约 50 mL，加入 1∶1 三乙醇胺溶液 5 mL，摇匀后放置 2～3 min；加入氨缓冲溶液 5 mL（调至 pH 为 10），摇匀加 KB 指示剂 0.1 g，摇匀后加入过量的 0.01 mol/L EDTA 标准液 10 mL，此时溶液应呈蓝绿色；然后用 0.01 mol/L Ca 标准溶液反滴定过剩的 EDTA，至由蓝绿色突变为紫红色为终点，记录所用的

Ca 标准溶液的毫升数 V_2。

同时做 Ca＋Mg 的空白标定：吸取 10 mL 空白液（即 0.24 mol/L HCl），同上稀释，加三乙醇胺缓冲溶液、指示剂和 10 mL EDTA 溶液，用 Ca 标准溶液滴定，记录所用 Ca 标准溶液的毫升数为 V_0'。

结果计算：

$$全 Ca 含量（\%）=M\times（V_0-V_1）\times 0.04008\times 分取倍数/W\times 100\%$$

$$全 Mg 含量（\%）=M\times[（V_0'-V_2）-（V_0-V_1）]\times$$

$$0.02431\times 分取倍数/W\times 100\%$$

式中，M——EDTA 溶液的摩尔浓度；

V_0、V_0'、V_1、V_2 见步骤中说明；

0.02431——Mg 的摩尔质量，g；

0.04008——Ca 的摩尔质量，g；

W——烘干样品重；

分取倍数——为 $100/10=10$。

实验二十　植物微量元素分析

硬、锰、锌、铜、铁和钼是植物生长的必需的微量元素，它们与常量元素不同，其含量很低，且在植物体内变动较大，因此，微量元素有两方面的问题：一是不足的问题，当土壤供应不足时，植物常常发生缺素症，影响植物的生长发育，从而影响农作物的品质；二是当土壤供应过多时，植物吸收过多而影响植物生长，甚至出现中毒现象，不仅影响作物的产量和品质，还进一步影响人和动物的健康。对于有些元素（如钼、硒等），植物吸收过多虽不影响植物生长，但通过食物链进入动物体，常常引起动物中毒，因此微量元素的研究、植物分析是不可缺少的。植物微量元素的营养诊断一般包括外形诊断、土壤测试、植物分析和田间试验，特别是土壤测试和植物分析可以相互验证，互相补充，使诊断更为可靠。

微量元素的分析方法，一般包括样品的化学处理和元素的定量测定两个方面。样品的化学处理，通常采用湿灰化法或干灰化法。湿灰化法可用不同 HNO_3、H_2SO_4 和 $HClO_4$ 配比的几种步骤来完成。干灰化法可见灰分测定一节中介绍。各个元素的分析方法，早在 1942 年 Peper 详细叙述过许多经典的比色方法，近代原子吸收光谱法也广泛应用于植物组织灰分的分析。

一、植物硼的测定（姜黄素比色法）

（一）方法原理

植物样品用干灰化法，用稀盐酸溶解灰分，以姜黄素比色法测定硼，在酸性介质中姜黄素与硼结合成玫瑰红色的络合物，即玫瑰花青苷。它由两个姜黄素分子和一个硼原子络合而成，检出硼的灵敏度是所有比色测定硼的试剂中最高的，最大吸收峰在 550 nm 处，在比色测定硼时应严格控制显色条件，以保证玫瑰花青苷的形成。玫瑰花青苷溶液在硼的浓度为 $0.0014\sim0.06$ mg/L 时符合 Beer 定律，溶于酒精后，在室温下 $1\sim2$ h 内稳定。

一般植物组织中含有足够的盐基可防止硼在灰化过程中逸失。对于种子，尤其是油料作物的种子，应加分析纯 $Ca(OH)_2$ 饱和溶液润湿样品以后灰化。灰分用稀 HCl 溶解后，如溶液浑浊，可过滤或离心后用清液测定硼。

（二）主要仪器

高温电炉、分光光度计、恒温水浴锅。

（三）试剂

（1）姜黄素-草酸溶液：将 0.04 g 姜黄素和 5 g 草酸（$H_2C_2O_4 \cdot 2H_2O$，二级纯）溶于无水酒精（二级纯）中，加入 4.2 mL 6 mol/L 盐酸，移入 100 mL 石英容量瓶中，用酒精定容（或用普通容量瓶定容后，将溶液移入塑料瓶中保存），贮存在冰箱中，有效期可延长 3～5 天。姜黄素容易分解，最好当天配制。

（2）0.1 mol/L HCl 溶液。

（3）$Ca(OH)_2$ 饱和溶液。

（4）硼标准溶液：将 0.5716 g H_3BO_3（优级纯）溶于 0.1 mol/L HCl 中，在容量瓶中定容成 1 L（用 0.1 mol/L HCl 溶液定容），将溶液移入干燥塑料瓶中保存，此为 100 mg/L 硼标准溶液。再稀释 10 倍成为 10 mg/L 硼标准贮备液。吸取 10 mg/L 硼溶液 0 mL、1.0 mL、2.0 mL、3.0 mL、4.0 mL、5.0 mL，用水定容至 50 mL，成为 0 mg/L、0.2 mg/L、0.4 mg/L、0.6 mg/L、0.8 mg/L、1.0 mg/L 硼的标准系列溶液，贮存在塑料瓶中。

（四）操作步骤

称取烘干磨碎（粒径为 0.5 mm）的植物样品 0.500 g，盛于石英坩埚中［对于种子样品应加少许 $Ca(OH)_2$ 饱和溶液以防硼损失］，在电炉上预先炭化，再移入高温电炉中缓缓升温至 500 ℃灰化。冷却后用 10～20 mL 0.1 mol/L HCl 溶液溶解灰分定容。吸取 1 mL 清液（含硼量不超过 1 μg），放入瓷蒸发皿中，加入 4 mL 姜黄素-草酸溶液。略加摇动均匀，在（55±3）℃水浴上蒸发至干，并且继续在水浴上烘干 15 min，除去残余的水分。在蒸发与烘干过程中显出红色。加 20 mL 95%酒精溶解，用干滤纸过滤到 1 cm 光径比色槽中，在 550 nm 波长处比色，用酒精调节比色计的 0 点，假若吸收值过大，说明硼浓度过高，应加 95%酒精稀释或改用 580 nm 或 600 nm 的波长比色。

工作曲线的绘制：分别吸取 0.2 mg/L、0.4 mg/L、0.6 mg/L、0.8 mg/L、1.0 mg/L 硼标准系列溶液各 1 mL，放入瓷蒸发皿中，加 4 mL 姜黄素溶液，同上述步骤显色和比色。以硼标准系列的浓度（mg/L）对吸收值绘制工作曲线。

（五）结果计算

$$全含量硼（mg/kg）= C × 液样比$$

式中，C——由工作曲线查得硼的 mg/L 数；

液样比——0.1mol/L HCl 溶液的毫升数/样品的克数。

二、植物钼的测定（KCNS 比色法）

（一）方法原理

植物样品用干法灰化，用稀 HCl 溶液溶解灰分，用 KCNS 比色法测定钼。由于植物含钼量低，称样量要大些，并且应加入适量铁溶液。

（二）主要仪器

电热板、高温炉、分光光度计等。

（三）试剂

（1）浓盐酸：优级纯。

（2）10％氯化亚锡溶液：溶解 10 g $SnCl_2$（二级纯）于 10 mL 浓 HCl 溶液中，需要时加热（低沸），溶解后用去离子水稀释至 100 mL，新鲜配制。

（3）10％三氯化铁溶液：溶解 49 g $FeCl_3 \cdot 6H_2O$ 于水中，用去离子水稀释至 1 L。

（4）硝酸钠溶液：称取 42.5 g 硝酸钠，溶于去离子水中稀释到 100 mL。

（5）异戊酸（AR）。

（6）20％ KCNS 溶液：称取硫氰化钾（AR）20 g 于去离子水中定容，体积为 100 mL。

（7）标准钼溶液：称取优级纯的钼酸铵 $[(NH_4)_6Mo_7O_{24} \cdot 4H_2O]$ 0.1840 g 于 1 L 容量瓶中，加去离子水溶解后，稀释至刻度，此标准钼溶液为 100 mg/L，吸取 2.5 mL 用去离子水定容至 250 mL，此标准溶液为 1 mg/L。

（四）操作步骤

称 5.00～10.00 g 植物样品在瓷蒸发皿中于低温初步灰化，而后转入高温电炉，500 ℃下 1 h 完成灰化，用 30 mL 5 mol/L HCl 溶液溶解灰分，过滤，将滤液小心地蒸发至干，灼烧除去有机物，冷却后用 5～7 mL 浓 HCl 溶液溶解残渣，加蒸馏水定容至 100 mL。（假如灰化不完全则将不溶物和滤纸烘干，重新灰化，将所获得溶液合并在一起，最后定容到 100 mL。）

取 50 mL 溶液加入 1 mL $NaNO_3$ 溶液摇匀，加三氯化铁溶液 1 mL、20％ KCNS 溶液 3 mL 摇匀，再加 10％ $SnCl_2$ 溶液 2 mL，混合均匀，由于植物样品中钼的含量较高，也可以不必用有机试剂提取，直接于水溶液中比色测定。

标准曲线的绘制：分别取 1.00 mg/L 钼标准液 0 mL、1 mL、3 mL、6 mL、10 mL、15 mL 于 100 mL 容量瓶中，加浓 HCl 溶液 3 mL，最后加蒸馏水至 50 mL，再加入 $NaNO_3$ 溶液 1 mL 摇匀，加 $FeCl_3$ 溶液 1 mL、20％ KCNS 溶液 3 mL，再加 10％ $SnCl_2$ 溶液 2 mL 混合均匀，于 470 nm 波长处进行比色，以吸光度为纵坐标，浓度为横坐标，绘制工作曲线。

（五）结果计算

$$植物钼含量（Mo，mg/kg）=C×t_s/m$$

式中，C——从标准曲线查得 mg/L 数；

　　　t_s——分取倍数；

　　　m——样品质量，g。

三、植物铁、锰、铜、锌的测定（原子吸收分光光度法）

（一）方法原理

植物样品用干法灰化后，经稀 HCl 溶液溶解，滤液中的 Fe、Mn、Cu、Zn 可直接用原子吸收分光光度法测定之。此法非常迅速、准确，干扰离子少，并且可以一次处理样品和使用统一的标准曲线。

（二）主要仪器

原子吸收分光光度计、高温电炉、瓷坩埚、电热板。

（三）试剂

（1）6 mol/L 的 HCl 溶液。

（2）铜标准贮备溶液（100 mg/L）：称取 0.1000 g 金属铜，溶解于 20 mL 1：1 的 HNO_3 溶液中，转入 1000 mL 容量瓶中，定容。

（3）铁标准贮备溶液（1000 mg/L）：称取 1.000 g 金属铁，溶解于 20 mL 1：1 HCl 溶液中加热溶解，转移到 1 L 容量瓶中，定容至刻度。

（4）锌标准贮备溶液（500 mg/L）：称取 0.5000 g 金属锌，用 20 mL 1：1 HCl 溶液溶解，移入 1L 容量瓶中定容。

（5）锰标准贮备液（1000 mg/L）：称取 1.000 g 金属锰，用 20 mL 1：1 HNO_3 溶液溶解，转入 1L 容量瓶中定容。

（四）操作步骤

称取经 105 ℃烘干的植物样品 1.0000～2.0000 g 于瓷坩埚中先进行炭化，再于小于 500 ℃的高温炉中灰化，大约 1.5 h，用 6 mol/L HCl 溶液溶解灰分，转入 25 mL 容量瓶中定容备测。标准曲线的绘制：用标准贮备液稀释为所要求的系列标准液并分别绘制标准曲线。

铜标准系列含量为 1～5 mg/L；

锌标准系列含量为 1～10 mg/L；

铁标准系列含量为 1～30 mg/L；

锰标准系列含量为 1～20 mg/L。

用同浓度的盐酸配制标准溶液。测定铜时，可将浸提液直接喷入乙炔-空气火焰中测定，锌、铁、锰要稀释 2～50 倍，稀释液中要加入镧溶液以抑制干扰。

同时进行空白试验。

（五）结果计算

$$Cu、Zn、Fe、Mn 含量（mg/kg）=C×t_s/m$$

式中，C——从标准曲线中查得 mg/L 数；

t_s——稀释倍数；

m——样品质量，g。

（六）注释

待测液还可以测定其他元素，如 Ca、Mg、K、Na、Sn、Pb、Ni 等，具体参照土壤微量元素测定。

实验二十一 植物全碳的测定
（$K_2Cr_2O_7$ 容量法）

植物全碳系指有机碳，它的测定有干烧法和湿烧法两种。干烧法需特殊的设备，而且手续烦琐；湿烧法是根据植物有机碳容易被氧化的性质，用 $K_2Cr_2O_7$ - H_2SO_4 氧化法测定的，操作简便、快速，有足够的准确度，适宜于大批样品的分析。

（一）方法原理

植物样品中的有机碳在较高的温度下，可用已知量的过量 $K_2Cr_2O_7$ - H_2SO_4 溶液使之氧化。剩余的 $K_2Cr_2O_7$ 用 $FeSO_4$ 标准溶液进行回滴。由净消耗的 $K_2Cr_2O_7$ 量，即可计算出碳的含量。

（二）主要仪器

电炉（1000 W）、温度计（200 ℃）、硬质试管（25 mm×200 mm）、油浴锅、铁丝笼等。

试剂同土壤有机质测定。

（三）操作步骤

称取磨碎烘干过 0.25 mm 筛的植物样品[1] 20.0～30.0 mg（含 C 约 15 mg 以内）[2]于大试管中，准确加入 20.00 mL 0.4 mol/L $K_2Cr_2O_7$ - H_2SO_4 溶液，轻轻摇匀。然后参照土壤有机质测定步骤消煮滴定，滴定时最终溶液的体积不得小于 120 mL，即 1/2 H_2SO_4 浓度须在 2～3 mol/L。

（四）结果计算

$$全 C\%（干基）= (V_0 - V_e) \times C_{Fe} \times 0.003/W \times 100$$

式中，V_0——空白标定时，所用去的 H_2SO_4 标准液体积，mL；

V_e——滴定待测液用去的 $FeSO_4$ 标准液体积，mL；

C_{Fe}——$FeSO_4$ 标准液的浓度；

0.003——1/4 C 的摩尔质量，kg/mol；

W——烘干样品重，g。

（五）注释

（1）植物样品含 C 量很高，一般在 40％左右，称量较少，植物样品又容易吸水，因此称样前必须先烘干，称样时要快速、准确。

（2）为了保证有机碳氧化完全，如样品测定时滴定所用 $FeSO_4$ 标准溶液体积小于空白标定时所耗 $FeSO_4$ 体积的 1/3 时，需减少称样量重做。

实验二十二　肥料样品的采集与制备

一、化学肥料样品的采集与制备

采集固体肥料样品时，应在每一个包装或几个包装中分别采取一小部分，然后混合均匀。具体取样方法是：先将固体肥料包装袋放平，然后翻动几次再从口角上拆开一个小口，用取样器按对角线方向插入袋内，转动取样器，使槽口朝上，将肥料装入取样器内，取出肥料后将其装入塑料袋或瓶内。待各包装的样品取齐后，把所取肥料样品倒在塑料布上混合均匀，用四分法分取 500 g 左右，盛入磨口瓶中，在瓶外贴上标签，注明肥料名称、生产厂家、采样日期、采样人、样品来源等即可。大批量固体肥料取样时，可在全部件数总量中抽取 2％件数（取样数不少于 10 件），然后按上述方法步骤取样、处理。

采集液体肥料样品时，对大件容器贮运的液体肥料可在其任意部位抽取需要的样品数量，但对一些不均匀的液体肥料可在容器的上、中、下各部位取样，所取平均样品不少于 500 mL，然后将其装入密封的塑料瓶或玻璃瓶中，同上处理保存。对于用罐、瓶、桶贮运的液体肥料，可按总件数的 5％取样，但取样数量不得少于 3 件，平均样品不少于 500 mL。

对于固、液混合状肥料如人粪、尿等，在取样时可用粪勺混匀后，取 500 mL 左右，加盖贮于密封容器中，同上处理保存。但应注意在分析前，必须先将其充分摇匀后，从中分取部分样品，再用玻璃棒将其固体部分充分捣碎，并使之全部通过 6～10 号筛，立即进行分析；否则，应将固体与液体部分分离后，分别进行测定。

二、有机肥料样品的采集与制备

有机肥料如堆肥、厩肥、沤肥及工业下脚料等因其均匀性很差，应注意多点取样。一般先予以翻堆、混匀后，再选 10～20 个采样点，每点采样品 1～1.5 kg，最后将各点样品充分混合均匀，以四分法取样 2 kg 左右，将其弄碎，再以四分法取样 500 g 左右，带回室内自然风干、磨碎并通过 1 mm 筛孔的筛子，贮于磨口瓶中，在瓶外贴上标签，注明有关事项即可。

实验二十三　肥料含水量的测定

各种肥料中含水量的测定是评价肥料品质、计算肥料中有效成分含量及其施用量的重要依据，因此，测定水分是通常的分析项目。肥料中水分的形态一般包括游离态、吸湿态和结晶态等，通常均将其作为水分的总量来进行测定，对于含有结晶水及挥发性物质的肥料，其水分的测定比较困难，必须用特殊方法测定。

一、常见化肥中含水量的测定（烘干法）

称取一定量的肥料样品放入扁式称量瓶中，按表 23-1 中的规定条件进行烘干，直至恒重，根据烘干前后肥料样品的重量即可计算出样品中的水分含量。

$$水分含量（\%） = （W_1 - W_2） \times 100/W_2$$

式中，W_1——烘干前的样品重，g；

　　　W_2——烘干后的样品重，g。

表 23-1　烘干法测定化肥含水量的条件

样　品	称取量/g	烘干温度/℃	烘干时间/h	备　注
铵态氮肥	2.50	80±1	5	在烘箱中烘干（NH_4HCO_3除外）
磷　肥	5.00	100±1	3	在烘箱中烘干
硝态氮肥、钾肥	2~2.50	130±1	5	在烘箱中烘干，用 PbO 进行干燥
液体肥料	5~20mL	100±1	3	预先在水浴上蒸干，再在烘箱中烘干
含挥发性物质的化肥	2~5.00	100±1	5	另外要进行挥发物质校正
酰胺态肥料	5.00	75±1	4	在烘箱中烘干

碳酸氢铵极易挥发，不能用烘干法测定其含水量，常用电石气量法（参阅中国科学院南京土壤研究所编《土壤理化分析》，上海科学技术出版社，1978 年）。

二、有机肥料中含水量的测定（105 ℃烘干法）

称取有机肥料样品 5.00～10.00 g，盛于已知重量的称量瓶内，于 100～105 ℃烘箱内烘至恒重。若为湿样品则需先在 50～60 ℃下烘 4～6 h，使大部分水分挥发后再增温至 100～105 ℃，烘至恒重，根据烘干前、后样品重量（W_1、W_2）计算其含水量。

$$水分含量（\%）=（W_1-W_2）\times 100/W_2$$

实验二十四　氮素化肥分析

氮是肥料三要素之一，是目前我国所使用的各种肥料中对植物生长影响最大、增产作用最明显的化学肥料。根据化肥中氮的存在形态可将其分为铵态氮肥、硝态氮肥、酰胺态氮肥和氰氨态氮肥。在测定其含氮量时，可以通过一定的化学处理方法，将各种形态的氮素转化为铵形态再行定量测定。

以铵形态存在的氮可采用甲醛法、蒸馏法测定其含氮量，氨水、碳酸氢铵和碳铵母液还可用简便的酸量法测定。各种测定方法各有优缺点，本书着重介绍测定氮的标准方法——蒸馏法。尽管其操作比较麻烦，但其测定结果准确可靠，应用十分广泛。

一、氮素化肥总氮量的测定

（一）方法原理

在催化剂的作用下，用浓硫酸加热分解氮素化肥，使氮素全部转变为硫酸铵 $(NH_4)_2SO_4$，再取其溶液或部分溶液在碱性条件下蒸馏，使氨被吸收于硼酸溶液中，用标准酸滴定之。

（二）仪器

同土壤全氮的测定。

（三）试剂

同土壤全氮的测定。

（四）操作步骤

1. 消煮：准确称取试样 2.5000～5.0000 g 于凯氏瓶中，加入催化剂 4 g，再加入浓硫酸 30 mL，摇匀后放置过夜。消煮时，开始用文火缓慢加热，注意观察，若气泡过多应暂停加热，待冷却后再缓慢加热，并注意避免试样从凯氏瓶口溢出。当凯氏瓶内容物呈现胶状，并冒白烟时，逐渐增大火力，继续加热消煮。待凯氏瓶内溶液变为绿色后，再加热 15 min，内容物变白色时表示消煮完全。

2. 蒸馏：将消煮液用蒸馏水稀释定容至 250 mL，然后吸取一定量的溶液（使含氮量为 10～25 mg），按土壤全氮量的凯氏法进行蒸馏。

3. 滴定：用硼酸吸收的氨溶液用标准盐酸滴定至溶液颜色由蓝色突变为酒

红色即为终点。同时做空白试验。根据滴定所消耗的标准盐酸的量计算样品的含氮量。

4. 计算：$N\% = (V - V_0) \times C \times 0.014 \times t_s \times 100/m$

式中，V——滴定试样消耗的标准盐酸的量，mL；

V_0——空白试验消耗的标准盐酸的量，mL；

C——标准盐酸溶液的浓度，mol/L；

0.041——氮原子的毫摩尔质量，g/mmol；

m——肥料样的质量，g；

t_s——试液的分取倍数。

二、氮素化肥中铵态氮的测定

含铵态氮的氮素化肥一般都易溶于水，可在碱性介质中蒸馏使氨逸出，然后以硼酸吸收，标准盐酸滴定，根据所耗酸的量计算所含氮的量。

（一）仪器与试剂

同土壤全氮的测定。

（二）操作步骤

称取氮素化肥样品 0.5～1.0 g（精确至 0.0001 g）于 100 mL 烧杯中，用 20～30 mL 蒸馏水溶解后，转移、定容至 100 mL，摇匀后吸取 25 mL 于凯氏瓶中，加碱蒸馏及计算同土壤全氮量的测定。

三、氮素化肥中硝态氮的测定（Zn‑FeSO₄ 碱性介质还原蒸馏定氮法）

（一）方法原理

在强碱性溶液中，锌与氢氧化钠作用生成氢，将硝酸态氮还原为亚硝酸态氮，同时也将高价铁还原为低价铁而使亚铁周而复始地存在。亚铁将硝态氮和亚硝态氮还原为氨。在还原的同时蒸馏出的氨用硼酸吸收，标准盐酸滴定，计算硝态氮含量，其主要反应如下：

$$FeSO_4 + 2NaOH \longrightarrow Fe(OH)_2 \downarrow + Na_2SO_4$$

$$8Fe(OH)_2 + NaNO_3 + 6H_2O \longrightarrow 8Fe(OH)_3 + NaOH + NH_3$$

$$Zn + 2NaOH \longrightarrow Na_2ZnO_2 + H_2$$

$$H_2 + NaNO_3 \longrightarrow NaNO_2 + H_2O$$

$$6Fe(OH)_2 + NaNO_2 + 5H_2O \longrightarrow 6Fe(OH)_3 + NaOH + NH_3$$

本法测定的氮实质上是铵态氮和硝态氮的总量，如果需要分别测定铵态氮和硝态氮的含量，只加氢氧化钠溶液进行蒸馏、吸收、滴定，即为铵态氮；然后再向凯氏瓶中加入锌-硫酸亚铁还原剂再次进行蒸馏、吸收、滴定，即为硝态氮。

（二）仪器

定氮蒸馏装置、滴定管、凯氏瓶等。

（三）试剂

1. 锌粉-硫酸亚铁还原剂：称取化学纯硫酸亚铁 50 g 和锌粉 10 g 于瓷研钵中，一并磨细通过 60 目筛，混匀后贮于棕色磨口瓶中备用。

2. 40％氢氧化钠溶液：称化学纯氢氧化钠 400 g 溶于水中，稀释至 1 L，贮于塑料瓶中备用。

3. 2％硼酸溶液：同土壤全氮的测定。

4. 定氮混合指示剂：同土壤全氮的测定。

5. 0.02 mol/L 标准盐酸溶液：同土壤全氮的测定。

6. 液状石蜡。

（四）操作步骤

称取肥料样品 1.100 g 于 50 mL 烧杯中，加少量水溶解后无损地转移于 100 mL容量瓶中，定容后摇匀。吸取此溶液 10～20 mL（使含氮量在 20～30 mg）于 250 mL 凯氏瓶中，加 Zn - FeSO$_4$ 还原剂 1.5～3.0 g，加入 40％ NaOH 溶液 10 mL 后立即加热蒸馏、吸收、滴定（见土壤全氮的测定）。

（五）结果计算

$$N\% = （V-V_0）\times C\times 0.014/W\times 100$$

式中，V——待测液消耗标准盐酸的体积，mL；

V_0——空白消耗标准盐酸的体积，mL；

C——标准盐酸的浓度，mol/L；

0.014——氮原子的毫摩尔质量，g/mmol；

W——吸收 10～20 mL 待测液相当样品的质量，g。

四、尿素中氮的测定

（一）方法原理

尿素是含酰胺态氮的氮素化肥，不能加碱直接蒸馏，可将其水溶液在硫酸存在下，加热水解成铵态氮，同时逸出 CO_2，其加酸水解的反应式为：

$$CO（NH_2）_2 + 2H_2SO_4 + H_2O \longrightarrow 2NH_4HSO_4 + CO_2 \uparrow$$

最后加碱蒸馏，测定其氮的含量。

（二）仪器与试剂

同土壤全氮的测定。

（三）操作步骤

称取经 75 ℃烘干的尿素样品 0.2000 g，加蒸馏水溶解后，定容至100 mL，摇匀备用。吸取此待测液 5.00 mL 于 150 mL 凯氏瓶中，加浓硫酸5 mL，先用文火加热直至完全除去 CO_2 为止，然后再提高温度使硫酸发烟。取下稍冷却，加水稀释至 70～80 mL，再按土壤全氮的操作步骤蒸馏、滴定，计算结果。

实验二十五　磷素化肥分析

目前生产上使用的磷素化肥品种较多，根据其溶解性可分为水溶性磷肥（如过磷酸钙、重过磷酸钙等）、弱酸溶性磷肥（如钙镁磷肥、钢渣磷肥、脱氟磷肥等）和难溶性磷肥（如磷矿粉、骨粉等）。由于磷肥性质不同，测定方法不尽相同。

一、磷素化肥全磷量的测定

测定磷素化肥的全磷量对其品质的鉴定、肥效的试验及经济合理施用均具有十分重要的意义。

（一）方法原理

肥料全磷测定样品的分解采用硝酸处理，使难分解的磷进入溶液，在酸性介质溶液中的正磷酸与钼酸铵和偏钒酸铵反应，生成稳定的黄色络合物三元杂多酸，溶液颜色的深浅与磷的含量在 $1\sim20$ mg/L 成正比，可以比色定量磷。

$$H_3PO_4 + NH_4VO_3 + 16\ (NH_4)_2MoO_4 + 29HNO_3 \longrightarrow$$

$$(NH_4)_3PO_4 \cdot NH_4VO_3 \cdot 16MoO_3 + 29NH_4NO_3 + 16H_2O$$

（二）仪器

分光光度计、烘箱、电热板、玻璃器皿等。

（三）试剂

1. 钒钼酸铵显色剂：称取 12.5 g $(NH_4)_6Mo_7O_{24} \cdot 4H_2O$（钼酸铵）溶于 200 mL 水中。另将 0.625 g NH_4VO_3（偏钒酸铵）溶于 150 mL 沸水中，冷却后加入 125 mL 浓硝酸，再冷至室温。然后将钼酸铵溶液缓缓倒入偏钒酸铵的硝酸溶液中，边倒边搅拌，最后用水稀释至 500 mL。

2. 6 mol/L NaOH 溶液：称取 24 g NaOH 溶于水中，稀释至 100 mL。

3. 2，6-二硝基酚指示剂或2，4-二硝基酚指示剂：将 0.25 g 二硝基酚溶于 100 mL 水中（饱和）。

4. P_2O_5 标准溶液（每毫升相当于 500 μg P_2O_5，即 500 mg/L P_2O_5）：称取在 45 ℃烘 3 h 的磷酸二氢钾（KH_2PO_4）0.9587 g，溶于少量水中，然后转移、

定容至 1000 mL 容量瓶中。吸取上述标准溶液 100 mL 于 500 mL 容量瓶中，用水稀释至刻度即得 100 mg/L（100 ppm）的 P_2O_5 标准溶液，作为工作溶液使用。

（四）操作步骤

称取通过 100 目筛孔的试样 0.2000 g 于 100 mL 三角瓶中，用少量水湿润后，加入 10~15 mL 1:1 硝酸，瓶口放一个小漏斗，置电热板上缓慢加热 20 min，将瓶内溶液低温蒸发至糊状（勿蒸干），然后加入 20 mL 蒸馏水，再加热至微沸，最后用致密的无磷滤纸过滤于 100mL 容量瓶中，用热蒸馏水冲洗滤纸若干次，定容、摇匀备用。

吸取上述待测液 2~10 mL 于 50 mL 容量瓶中（含磷 0.05~2 mg），滴加二硝基酚指示剂 2 滴，用 6 mol/L NaOH 溶液中和至刚出现微黄色，加水至 35 mL，准确加入 10 mL 钒钼酸铵显色剂，定容、静置 30 min 后用 490 nm 波长、1 cm 光径比色皿在光电比色计上进行比色（以空白调节比色计吸收值为零点）。

标准曲线的制备：吸取 100 mg/L（ppm）的 P_2O_5 标准溶液 0 mL、2.5 mL、5.0 mL、7.5 mL、12.5 mL、15.0 mL 分别放入 50 mL 容量瓶中，加水至 35 mL，准确加入 10 mL 钒钼酸铵显色剂，定容即得浓度分别为 0 mg/L、5.0 mg/L、10.0 mg/L、15.0 mg/L、25.0 mg/L、30.0 mg/L P_2O_5 的标准系列。15~20 min 后用 490 nm 波长、1 cm 光径比色皿在光电比色计上比色。以吸收率为纵坐标，P_2O_5 的浓度（mg/L）为横坐标，在方格纸上绘制标准曲线。

（五）结果计算

$$P_2O_5\% = A \times 显色体积 \times 分取倍数 / m \times 10^6 \times 100$$

式中，A——从标准曲线上查得待测液中 P_2O_5 浓度，mg/L；

$\quad\quad m$——样品质量，g；

$\quad\quad 10^6$——将 mg/L 换算成 g；

$\quad\quad 100$——换算为百分含量。

（六）注释

1. 本方法显色时间较短，常温下 15~20 min 即可显色完全。但在冬季较低温度下显色慢。显色恒定的溶液在 24 h 内其吸收值基本不变。

2. 钒钼黄要求比色液的酸度（终浓度）范围很宽，极限值为 0.04~1.60 mol/L。但由于溶液中的硅、亚砷酸等也可形成黄色的络合盐而干扰比色测定。若酸度保持在 0.5~0.8 mol/L，并控制钼酸盐在一定量范围（1000 mg/kg 以下），就可抑制这些络合盐的黄色干扰。

3. 显色时钒酸盐的最终浓度范围是 $8.0 \times 10^{-5} \sim 2.2 \times 10^{-3}$ mol/L，通常用后一浓度。钼酸盐的适宜终浓度为 $1.6 \times 10^{-3} \sim 5.7 \times 10^{-2}$ mol/L。浓度过高，有

硅干扰时会产生正误差,若无硅干扰时会产生负误差。

4. 制备待测液时,样品处理也可不采用 1∶1 硝酸而用 10％HCl 溶液,相应的钒钼酸铵试剂应改用 HCl 溶液系统配制。

5. 根据比色时磷含量的多少,选择合适的比色波长,对于 2～10 mg/kg P₂O₅ 选用 420 nm,14～40 mg/kg P₂O₅ 选用 490 nm,待测液中铁含量高而产生黄色干扰时,通常选用较长的波长如 450 nm 或 470 nm。本法比色选用的波长范围为 400～490 nm,然而值得注意的是波长由 400 nm 增加到 490 nm 时,灵敏度会降到原来的 1/10。

6. 下列元素在 1000 mg/L 以内对测定无干扰:铁、铝、锰、钙、镁、钡、钾、钠、铵、一价汞、二价汞、锡、锌、银、砷、醋酸根、焦磷酸盐、钼酸盐、四硼酸盐、柠檬酸盐、草酸盐、硅酸盐、亚硝酸盐、氰化物、硫酸盐和亚硫酸盐等。

二、过磷酸钙中游离酸的测定

(一)测定意义

由于过磷酸钙在制造过程中常会带来游离的硫酸和少量的磷酸,可增高过磷酸钙的吸湿性,同时当种子与过磷酸钙混合播种时,会降低种子的发芽率,当游离酸较多时,为了更精确地计算,在施用以前可用适量的碳酸氢铵或氨水中和游离酸,所需要的中和物质必须进行游离酸的测定。

(二)方法原理

用水浸提样品,过滤其滤液,用酸碱中和的方法测定,以溴甲酚绿为指示剂(pH 为 3.8～5.4)终点为透明绿色(亮绿)。在酸性中呈黄色、暗绿时,则表示过量。反应如下:

$$H_3PO_4 + NaOH \longrightarrow NaH_2PO_4 + H_2O$$

(三)仪器

玻璃器皿、铁架台等。

(四)试剂

1. 0.1 mol/L 的氢氧化钠标准溶液。

2. 溴甲酚绿指示剂:0.2％溶液。

(五)操作步骤

1. 称取样品 5.00 g,于 250 mL 容量瓶中(预先加 150 mL 水),激烈振荡 5 min,加水稀释至刻度,混匀,用干燥滤纸过滤,弃去开始的滤液。

2. 吸取滤液于 150 mL 锥形瓶中,加入至体积约 100 mL,加溴甲酚绿指示剂 5～7 滴,由 0.1 mol/L 氢氧化钠标准溶液滴至呈明亮的绿色为终点。

（六）结果计算

$$P_2O_5\% = M \times V \times 0.071 \times 100/G \times 50/250$$

式中，M——0.1 mol/L 氢氧化钠标准溶液浓度；

      V——0.1 mol/L 氢氧化钠滴定的体积，mL；

      0.071——与 1.00 mL 氢氧化钠标准滴定溶液 $[C(NaOH) = 1.000 \text{ mol/L}]$
             相当的以 g 表示的五氧化二磷的质量；

      G——试样重。

（七）注意事项

提取的溶液不宜放置过久，因会发生水解作用。

三、过磷酸钙中有效磷的测定

过磷酸钙与重过磷酸钙均为水溶性磷肥，所含有的能被植物吸收利用的不仅是水溶性的速效磷，还有一部分为不溶于水但能被柠檬酸提取的磷。测定其有效磷的含量对评定肥料品质、合理施用磷肥均具有重要意义。

（一）方法原理

用 2% 柠檬酸浸提过磷酸钙（或重过磷酸钙）中的有效磷 [其中包括 $Ca(H_2PO_4)_2 \cdot CaHPO_4$ 和游离 H_3PO_4]，浸出液中的正磷酸盐利用钒钼黄比色法定量测定。

（二）仪器

分光光度计、振荡机等。

（三）试剂

1. 50 mg/L 磷标准溶液：准确称取 105 ℃ 烘干的磷酸二氢钾 KH_2PO_4 (AR) 0.2195 g 溶于约 400 mL 蒸馏水中，加入 25 mL 3 mol/L H_2SO_4 溶液，定容至 1 L，即为 50 mg/L 的标准溶液，可长期保存使用。

2. 2% 柠檬酸溶液：称取 20 g 结晶柠檬酸（$H_3C_6H_5O_7 \cdot H_2O$，AR）溶于水中，定容至 1 L 即可。

3. 3 mol/L H_2SO_4：量取浓硫酸 166.7 mL，用蒸馏水稀释至 1 L。

4. 钒钼酸铵显色剂：同磷素化肥全磷量的测定。

（四）操作步骤

称取通过 100 目筛孔的过磷酸钙样品 0.5～1.0000 g 于 150 mL 三角瓶中，加入 2% 柠檬酸溶液 50 mL，用橡皮塞塞紧瓶口，振荡 30 min，立即用干滤纸过滤，弃去最初 7～8 mL 滤液。

吸取清亮滤液 1～5.00 mL 于 50 mL 容量瓶中，加水至约 35 mL，准确加入

10 mL钒钼酸铵显色剂，同磷素化肥全磷量的测定法比色测定。

（五）结果计算

$$P_2O_5\% = A \times 显色体积 \times 分取倍数/m \times 10^6 \times 100 \times 2.291$$

式中，A——从标准曲线上查得待测液中P_2O_5浓度，mg/L；

　　　m——样品质量，g；

　　　10^6——将 mg/L 换算成 g；

　　　100——换算为百分含量；

　　　2.291——将 P 转换为P_2O_5的系数。

四、碱性热制磷肥有效磷的测定

碱性热制磷肥系高温烧制而成，呈碱性，主要品种有钢渣磷肥、钙镁磷肥、钙镁磷钾肥、脱氟磷肥等。其主要有效成分为磷酸四钙，不溶于水但能溶于2%柠檬酸溶液，可用钒钼黄比色法测定。

（一）仪器

同磷素化肥全磷量的测定。

（二）试剂

同磷素化肥全磷量的测定。

（三）操作步骤

称取试样 1.0000 g 置于干燥的 250 mL 三角瓶中，用移液管吸取 100 mL 预先加热至 25～30 ℃的 2%柠檬酸溶液注入三角瓶中，塞紧瓶塞，保持温度在25～30 ℃，振荡 30 min，立即用干燥漏斗和双层干燥滤纸过滤于干的三角瓶中，弃去最初滤液，用移液管吸取含有 20～30 mg P_2O_5的滤液，按磷素化肥全磷量的测定步骤比色分析，计算其有效磷含量。

五、磷矿粉中全磷量的测定

磷矿粉是磷矿石经磨碎制成的，其全 P_2O_5含量为 5%～40%，有效 P_2O_5含量为 1%～8%，枸溶率为 3%～30%。磷矿粉中的含磷成分主要是氟磷酸钙 $Ca_5F(PO_4)_3$，不溶于水和柠檬酸溶液，而溶于强酸。

（一）方法原理

用 HNO_3溶液或 10% HCl 溶液处理样品，使其中的磷转变为正磷酸形式存在于溶液中。

$$CaF(PO_4) + 10H^+ \longrightarrow 5Ca^{2+} + HF\uparrow + 3H_3PO_4$$

溶液中正磷酸可用钒钼黄比色法测定。

（二）仪器试剂

同磷素化肥全磷量的测定。

（三）操作步骤

同磷素化肥全磷量的测定。

六、磷矿粉中有效磷的测定

磷矿粉中有效磷通常采用 2% 柠檬酸或中性柠檬酸铵提取、钒钼黄比色法测定。

实验二十六　钾素化学肥料全钾量分析

常用钾素化肥 KCl、K_2SO_4、KNO_3、KH_2PO_4 都是水溶性的中性盐，可直接制成溶液采用火焰光度计法进行定量分析。

（一）方法原理

用稀酸浸提钾，火焰光度计比色测定。

（二）仪器

火焰光度计、容量瓶等。

（三）试剂

1. 浓盐酸溶液：比重为 1.19 的浓 HCl。

2. 钾标准溶液：准确称取于 105 ℃烘干 4～6h 的分析纯氯化钾 1.9068 g，溶于少量蒸馏水中，定容至 1 L，即为 1000 mg/L 溶液，再以此溶液用蒸馏水稀释成 100 mg/L 标准溶液作为工作溶液。

（四）操作步骤

1. 钾盐类样品待测液的制备：称取 1.0000 g 试样于 100 mL 烧杯中，加蒸馏水 40 mL 溶解，再加少量盐酸酸化（1～2 mL），盖上玻璃皿后低温加热煮沸 10 min，冷却后用蒸馏水转移于 100 mL 容量瓶中，定容后摇匀，放置澄清或用干滤纸过滤。

2. 复合肥料或混合肥料待测液的制备：称取试样 0.3000 g 于 50 mL 小烧杯中，加 6～7 滴浓盐酸，再加蒸馏水 20 mL，低温煮沸 10 min，冷却后用蒸馏水转移于 100 mL 容量瓶中定容至刻度，放置澄清或用干滤纸过滤。

待测液的测定：吸取上述待测液的清液或滤液 5 mL（相当 250～2500 μg K_2O）于 50 mL 容量瓶中，加水定容至刻度，摇匀后在火焰光度计上直接测定，读取检流计上的读数。

标准曲线的绘制：分别取 100 mg/L 钾标准溶液 0 mL、5 mL、10 mL、15 mL、25 mL、35 mL 于 50 mL 容量瓶中，用蒸馏水定容后摇匀，即得含钾 0 mg/L、10 mg/L、20 mg/L、30 mg/L、50 mg/L、70 mg/L 的钾标准系列，然后在火焰光度计上测定，读取检流计上的读数，以检流计读数为纵坐标，钾的浓度 mg/L 为横坐标，绘制标准曲线。

（五）结果计算

$$K_2O\% = C \times V \times t_s \times 100 \times 1.2046 / (m \times 10^6)$$

式中，C——从标准曲线上查得的待测液，mg/L；

V——测定体积；

t_s——分取倍数；

1.2046——将 K 换算为 K_2O 的系数；

m——称样的质量，g。

实验二十七　复合肥料的分析

　　通常所称的复合肥料是指在一种化学肥料中，同时含有氮、磷、钾三要素或只含有其中任何两种元素的化学肥料。对含硝态氮或既含硝态氮又含铵态氮的含氮复合肥料可参考氮素化肥中硝态氮的测定，采用 $Zn-FeSO_4$ 碱性介质还原蒸馏定氮法。对只含铵态氮的含氮复合肥料参考氮素化肥中铵态氮的测定，直接采用蒸馏定氮法测定。对含有酰胺态氮素的含氮复合肥料可参考尿素中氮的测定。

　　含磷复合肥料如磷酸铵、磷酸二氢钾、硝酸磷肥等，其中的磷都是水溶性或枸溶性的，其有效磷的测定可采用中性柠檬酸铵溶液浸提，钒钼黄比色法定量分析。

　　中性柠檬酸铵溶液的配制：称 500 g 柠檬酸溶解于 25％氨水溶液（约 500 mL），中和至中性反应为止（用 pH 计测定）。加入蒸馏水定容至 1 L，过滤备用。

　　对于用过磷酸钙制成的含磷复合肥料，有效磷的浸提应用微碱性柠檬酸铵溶液（彼得曼溶液）。其配制方法为：先配制 2∶3 氨水约 500 mL，然后用中和滴定法测定其含氮量（N％），按下式求出 42 g 氮所需 2∶3 氨水的 mL 数：42 g 氮所需 2∶3 氨水 mL 数＝100×42/N。式中 N 为 100 mL 2∶3 氨水中的含氮量（g）；再量取所需 2∶3 氨水量，注入 1 L 容量瓶中，将容量瓶置于冰浴中。另取 173 g 未风化的结晶柠檬酸溶于约 300 mL 热蒸馏水中，混匀，冷却后经漏斗慢慢注入盛氨水溶液的容量瓶中（勿使瓶内溶液温度超过 20 ℃），加完后用蒸馏水洗净漏斗，洗液并入容量瓶中，定容混匀后，静置两昼夜后使用。

　　复合肥料中全钾量的测定可参考钾素化学肥料全钾量分析。

实验二十八 有机肥料的分析

有机肥料种类多、数量大，在我国农业生产中占有重要地位。对有机肥料的养分分析，可了解其肥料质量及积制过程中养分变化情况，有利于指导合理施用和科学积制。磷、钾的测定类似于植株的磷、钾测定，下面介绍有机肥全氮的测定。

有机肥中全氮包括铵态氮（NH_4^+-N）、硝态氮（NO_3^--N）和有机态氮。最理想的方法是硫酸-铬粒-重铬酸钾消煮法，硝态氮回收率可达99%，但因铬粒比较昂贵，常用铁锌粉还原法（硝态氮回收率98.9%），也可得到理想的结果。在测定新鲜人粪尿、沤肥等不含硝态氮的有机肥料全氮量时，可采用硫酸-混合盐消煮法或硫酸-高氯酸消煮法，因二者的消煮液均可适用于氮磷钾连续测定。

（一）方法原理

硝态氮用铁锌粉在酸性环境下还原为铵态氮：

$$NO_3^- + Fe.Zn + H^+ \longrightarrow NH_4^+ + Fe^{++}.Zn^{++} + H_2O$$

用硫酸氧化有机质，释放出氨并与硫酸结合，使全部氮均转化为硫酸铵形态，然后加碱蒸馏，逸出的氨用2%硼酸吸收，以标准酸滴定之。

$$(NH_4)_2SO_4 + 2NaOH \longrightarrow Na_2SO_4 + 2NH_3 + 2H_2O$$

$$NH_3 + H_2O \longrightarrow NH_4OH$$

$$NH_4OH + H_3BO_3 \longrightarrow NH_4 \cdot H_2BO_3 + H_2O$$

$$2NH_4 \cdot H_2BO_3 + H_2SO_4 \longrightarrow (NH_4)_2SO_4 + 2H_3BO_3$$

（二）仪器

分析天平、定氮蒸馏装置、凯氏瓶等。

（三）试剂

1. 铁锌粉：称取锌粉9.0 g与1.0 g铁粉混合均匀。

2. 10% H_2SO_4：取浓硫酸（比重为 1.84）56.9 mL 缓缓注入 943.1 mL 水中。

3. 浓硫酸：化学纯，比重为 1.84。

4. 混合加速剂：将 100g K_2SO_4、10 g $CuSO_4 \cdot 5H_2O$ 在研钵中研细混匀，过 80 目筛。

5. 40% NaOH 溶液：同土壤全氮的测定。

6. 定氮混合指示剂：同土壤全氮的测定。

7. 2%硼酸：同土壤全氮的测定。

8. 0.02 mol/L HCl 标准溶液：同土壤全氮的测定。

（四）操作步骤

称取风干样品（过 1 mm 筛）0.5000～1.0000 g 于 150 mL 凯氏瓶中（或消煮管），加入 0.1 g 铁锌粉和 10 mL 10% H_2SO_4，放在电炉（或消煮炉）上低温加热 5 min，取下冷却至室温，再加入 10 mL 浓硫酸及 3.5 g 混合加速剂，摇匀后在凯氏瓶（或消煮管）口加一个弯颈小漏斗，放在电炉（或消煮炉）上加热煮沸，间断摇动，直到溶液变白瓶壁上无黑色碳粒后，再加热 30 min，取下冷却至室温后加水 30～50 mL，再冷却至室温后即可蒸馏、滴定、计算。（同土壤全氮的测定。）

图书在版编目（CIP）数据

测土配方施肥技术实验指导书/邹长明等主编 . —合肥：合肥工业大学出版社，2022.9

ISBN 978 - 7 - 5650 - 6107 - 3

Ⅰ.①测… Ⅱ.①邹… Ⅲ.①土壤肥力—测定—实验②施肥—配方—实验 Ⅳ.①S158.2 - 33②S147.2 - 33

中国版本图书馆 CIP 数据核字（2022）第 180125 号

测土配方施肥技术实验指导书

CETU PEIFANG SHIFEI JISHU SHIYAN ZHIDAOSHU

邹长明　赵建荣　王　泓　李孝良　主编

责任编辑	张择瑞　郭　敬	
出版发行	合肥工业大学出版社	
地　　址	（230009）合肥市屯溪路 193 号	
网　　址	www.hfutpress.com.cn	
电　　话	理工图书出版中心：0551 - 62903204	
	营销与储运管理中心：0551 - 62903198	
开　　本	710 毫米×1010 毫米　1/16	
印　　张	6.75	
字　　数	129 千字	
版　　次	2022 年 9 月第 1 版	
印　　次	2022 年 9 月第 1 次印刷	
印　　刷	安徽联众印刷有限公司	
书　　号	ISBN 978 - 7 - 5650 - 6107 - 3	
定　　价	20.00 元	

如果有影响阅读的印装质量问题，请与出版社营销与储运管理中心联系调换。